U0209845

新元古代地质遗迹资源研究

——安徽灵璧磬云山地质遗迹资源评价与保护

Research on geological relics of Neoproterozoic Era

——Assessment and protection of geological relics in Qingyun Mountain, Lingbi, Anhui

桂和荣 朱 洪 马艳平 费玲玲 等 著

科学出版社

北 京

内 容 简 介

本书全面分析了地质遗迹资源的内涵与价值、地质公园的分类及其在保护地质遗迹资源中的重要作用，介绍了国家和安徽省地质公园的建设现状、灵璧石文化的发展历程。深入研究了区域新元古代地质背景及安徽灵璧磬云山地区地质特征，阐述了磬云山国家地质公园典型地质遗迹的成因机理及其地球科学意义，同时开展了国内外对比研究。在此基础上，建立了地质遗迹资源评价模型和评价指标体系，实施了磬云山地质遗迹资源评价。从地学研究与科普、公园信息化建设、地学旅游发展与推广等方面，论述了地质遗迹资源保护和地质公园可持续发展的举措。

本书可供地质公园、地质遗迹、资源环境、发展规划等管理人员阅读，也可供地质学及相关专业的教学、科研及工程技术人员参考。

图书在版编目(CIP)数据

新元古代地质遗迹资源研究：安徽灵璧磬云山地质遗迹资源评价与保护/桂和荣等著. 一北京：科学出版社，2018.6

ISBN 978-7-03-057979-9

Ⅰ. ①新…　Ⅱ. ①桂…　Ⅲ. ①地质-国家公园-区域地质-研究-灵璧县　Ⅳ. ①P562.544

中国版本图书馆 CIP 数据核字(2018)第 131207 号

责任编辑：周　丹/责任校对：彭　涛

责任印制：张　伟/封面设计：许　瑞

科 学 出 版 社 出版

北京东黄城根北街 16 号

邮政编码：100717

http://www.sciencep.com

北京建宏印刷有限公司 印刷

科学出版社发行　各地新华书店经销

*

2018 年 6 月第　一　版　　开本：720 × 1000　B5

2018 年 6 月第一次印刷　　印张：13

字数：300 000

定价：99.00 元

(如有印装质量问题，我社负责调换)

作 者 名 单

桂和荣　朱　洪　马艳平　费玲玲

孙林华　刘　磊　陈　松　张承云

贺振宇　王　永　王　跃　杨　强

刘　杨

前　言

地质遗迹是在漫长的地质历史时期由内、外力地质作用形成的，它反映了地质历史演化过程和物理、化学条件及环境的变化。地质遗迹是不可再生的，一旦遭到破坏就永远不可恢复，也就失去了研究地质作用过程和形成原因的实际价值。因而，保护和利用好地质遗迹，对于人类认识地质现象、推测地质演化及恢复地质历史等具有重要意义。

在地质作用留下的形形色色地质遗迹中，有的地质遗迹比较独特，除了可供地质学家“将今论古”，进行地学研究外，还有可供人类开发利用的经济、社会和文化价值。因而，地质遗迹也是一种资源，而且是稀缺资源。我国地域辽阔，地理条件复杂，地质构造形式多样，地质遗迹资源丰富，在世界上享有盛名。

为了保护和利用地质遗迹资源，建立地质公园是一项有效的举措。地质公园以其特殊的地质科学意义、稀有的自然属性、较高的美学观赏价值，越来越受到人们的追捧。地质公园既为人们提供具有较高科学品位的观光旅游、度假休闲、保健疗养、文化娱乐的场所，又是地质遗迹景观和生态环境的重点保护区，地质科学研究与普及的基地。可见，地质遗迹资源的典型性、稀缺性和观赏性决定了地质公园的品位。

安徽东北部宿州灵璧地区发育了一套较完整的新元古代碳酸盐岩地层，在8亿～10亿年的地质演变过程中，留下了许多珍贵的地质遗迹，一直受到国内外地质学家的关注。特别在研究前寒武纪地球动力学、矿物岩石学、古生物地史学等方面，灵璧地区无疑是一块难得的宝地。灵璧石是灵璧地区众多地质遗迹的一种，位居我国四大奇石之首，被乾隆帝御封为“天下第一石”，长期以来，灵璧成为赏石文化繁荣的热土，闻名海内外。

2008年，宿州市人民政府委托宿州学院专家学者启动了“灵璧石资源调查与评价”项目研究，在深入分析区域地层、构造条件的基础上，对灵璧境内新元古代地质遗迹进行了摸底，探讨了各种地质遗迹的成因机理，提出了包括灵璧石在内的地质遗迹资源保护和开发利用的具体措施。从此以后，申报和建设安徽灵璧磬云山省级和国家级地质公园工作陆续展开，并取得了初步成效。

本书在总结灵璧新元古代地球科学研究成果的基础上，结合省级和国家级地质公园建设的经历，对安徽灵璧磬云山地质遗迹资源进行了系统研究，所取得的成果和认识体现在以下六个方面。

（1）基于地质属性、遗产属性和资源属性，阐述了地质遗迹资源的内涵及其构成要素；分析了地质遗迹资源的资源、科研、审美和生态环境价值。从保护和利用地质遗迹资源的角度出发，对地质公园的作用、类型以及安徽省内外地质公园建设现状进行了剖析，为灵璧磬云山地质遗迹资源保护和利用、地质公园建设与发展奠定了基础。

（2）在区域地质及地形地貌分析研究的基础上，确定磬云山作为地质公园的主园区。该园区地貌形态属低山丘陵，地貌成因属侵蚀-溶蚀地貌，基岩裸露范围大，有利于地质遗迹观察；坡麓、坡台地带被第四系松散层覆盖，埋藏了千奇百怪的灵璧石。灵璧石拥有 3000 多年的开采和观赏历史，自古便受到帝王将相、文人雅士的青睐，灵璧石文化源远流长。

（3）磬云山所在的皖北地区大地构造位置属华北板块的东南缘。据区域地质调查与填图，发现本区曾发生过以印支—燕山早期为主的多次地壳运动。区域内发育的地层主要为上元古界震旦系、中生界侏罗系及白垩系、新生界古近系及第四系，古生界地层在本区缺失。其中上元古界震旦系发育贾园组、赵圩组等岩石地层单元，并且具有各自的岩石、矿物和地球化学特征。

（4）依据地质遗迹资源调查成果，按照国家关于地质遗迹划分标准，将磬云山地质遗迹划分为地质剖面、地质构造等六大类，类型齐全。通过成因研究以及与国内外新元古代地层对比分析，可以看出，磬云山灵璧石、臼齿构造等地质遗迹十分珍贵，对于研究新元古代内外地质作用、恢复前寒武纪地质历史具有重要的科学意义，同时具有很高的观赏价值。

（5）以国家地质公园建设标准为基础，构建了磬云山地质遗迹资源的评价指标体系和基于 AHP 法的评价模型。根据评价指标模糊级别值，采用德尔菲法进行评价，通过专家打分来获取各地质遗迹评价值，并对各分值进行处理；再利用改进的罗森伯格-菲什拜因公式，计算地质遗迹资源综合评价值，进而从地质遗迹资源类型和地质遗迹景点两方面进行评价，为磬云山地质遗迹资源有效保护、地质公园科学规划与建设提供了科学依据。

（6）通过区域地质调查和地质遗迹资源评价，充分利用山脊线、山谷线、陡崖边坡、道路、土地权属边界等具有明显分界特征的地物界限，合理划定了磬云山国家地质公园的范围，设定了公园边界地理坐标；合理划分了公园功能区和地质遗迹保护区，并计算了公园的环境容量；制定了人才培养与培训、科研选题与科普、公园信息化建设等规划；开展了磬云山国家地质公园旅游市场调查，对游客行为、消费偏好等调查结果进行分析，为磬云山旅游资源的科学开发提供了参考。

本书内容共六章。第一章由朱洪、桂和荣、刘磊执笔；第二章由桂和荣、朱洪、贺振宇、刘磊执笔；第三章由桂和荣、马艳平、张承云、刘杨执笔；第四章由桂和荣、孙林华、陈松、贺振宇、王跃、费玲玲执笔；第五章由朱洪、费玲玲、桂和荣、张承云执笔；第六章由朱洪、费玲玲、桂和荣、王永、杨强执笔；前言由桂和荣执笔。全书由桂和荣、朱洪统稿，英文翻译由桂莅鑫负责。

限于作者水平和条件，书中一定会存在不足，引述前人的研究成果、资料和论点抑或有疏漏，在此恳请读者批评指正。

著 者

2017年11月

Foreword

Geological relics are the remnants from the long geological periods. Developed under internal and external geological forces, the relics bear evidence to the geological movements and changes in physical and chemical conditions. Geological relics cannot be replicated or regenerated. Once damaged, it would be impossible to restore them to original forms and lose the values in the relics to scientific research. Therefore, geological relics must be well protected and utilized for the benefits of human beings to understand geological phenomena, simulate geological evolution, and uncover geological history.

In the kaleidoscope of relics left behind by geological processes, some are so unique and useful for geological studies while some others are of economic, social, and cultural values. It is fair to say that geological structures are rare resources. Across China's vast land, complex geological conditions gave birth to various forms of geological structure. China's abundance in geological relics is well-known globally.

In order to protect and utilize geological heritage, building geoparks is an effective measure. Geopark is becoming more and more popular with people for its scientific significance, rarity, and aesthetic value. Geoparks are tourist destinations and resort for leisure and entertainment, as well as reservation of geological for geological scientific research. Evidently, the rarity and aesthetics of geological relics set the tone for the geoparks.

Lingbi in the northeast of Anhui Province is home to a relatively complete set of Neoproterozoic carbonate rock strata. 800 million to 1 billion years of the geological evolution left countless precious geological relics that have global interests, especially in the study of the Precambrian geodynamics, mineral petrology, paleo-biological history, etc. Lingbi area is undoubtedly a rare treasure house. Lingbi Rock is a kind of geological relics in the Lingbi area. It ranks first in China's four rare rocks and was crowned by the Qianlong Emperor as "the first stone in the world." For a long time, Lingbi has become a hot spot for stone culture both at home and abroad.

In 2008, the Suzhou Municipal People's Government invited experts and scholars from Suzhou University to start a research project to evaluate Lingbi Rock resources.

Based on an in-depth analysis of regional stratigraphic and geological conditions, the project explored the Neoproterozoic geological remains in Lingbi, discussed the formation mechanism of various geological relics, and put forward concrete measures for the protection and utilization of geological relics including the Lingbi Rock. Later, application to make Qingyun Mountain a provincial and national geopark was started and made preliminary success.

By summarizing the achievements of the research on Neoproterozoic geological environment in Lingbi, this book presents the experiences in building provincial and national geopark and systematically studies the geological heritage in Qingyun Mountain, Lingbi of Anhui. Main achievements and understanding is reflected in the following six aspects.

(1) Define geological relics as geological formations, heritage, and resource; analyse the value of geological relics as resources, scientific effects, aesthetic artefacts, and to ecological environment. From perspectives of protecting and utilizing geological relics, the article looks into the roles of geoparks and the other geoparks in and outside Anhui province, offering support to the protection and utilization of geological relics in Lingbi and the establishment of a geopark in Qingyun Mountain.

(2) Based on the analysis of regional geological and landforms, Qingyun Mountain is chosen as the main site for the proposed geopark. The park is featured by low mountains and hills formed by erosion and dissolution. The base rocks are widely exposed, convenient for observation. Footslope and slopetop are covered by Quaternary loose bed, burying underneath Lingbi Rock of thousands of forms. Mining and appreciation of Lingbi Rock can trace back to 3,000 years ago, widely treasured by royal families and literati.

(3) Qingyun Mountain is located in north Anhui province. Its geotecture sits on the southeast edge of Huabei plate. According to geological investigation and mapping, this area underwent multiple tectonic movement, primarily on early Indosinian-Yanshan line. Strata in this area are predominantly Sinian of upper Proterozoic, Jurassic and Cretaceous of Mesozoic Erathem, and Paleogene and Quaternary of Cenozoic Erathem, missing Paleozoic strata. In Sinian strata of upper Proterozoic, there are Jiayuan Group, Zhaowei Group, and other rock units, showing individual lithological, mineral, and geochemical attributes.

(4) With the investigative results, geological relics in Qingyun Mountain are divided into six categories in accordance with national standards. Genesis studies and comparison of Neoproterozoic strata home and abroad show that Lingbi Rock and

molar-tooth structure from Qingyun Mountain are highly precious, both from scientific and aesthetic perspectives. Scientifically, the relics offer insights into the geological processes in Neoproterozoic Era and reconstruct geological events in Precambrian period.

(5) Based on the national geopark standards, assessment criteria based on AHP model are established to evaluate geological relics in Qingyun Mountain. Delphi method is applied and invited a panel of experts to assess the values of the geological relics. The grades are processed accounting for the fuzziness of each criterion. Overall assessment results are obtained by inputting the grades into the extended Fishbein-Rosenberg model. The assessment, which clarifies the type of geological resources and value as tourist sites, produces comprehensive evaluation of the geological heritage in Qingyun Mountain. The results are of reference for geopark planning and construction.

(6) Through investigation and assessment of regional geological relics, surface features are demarcated by ridge line, valley line, steep slope, roads, land rights and other distinct boundaries to delineate the geopark area. Geographic coordinates are set accordingly. Function areas of the geopark are properly separated from conservation areas, accounting for the park's capacity. Plans for staff training, scientific studies, IT infrastructure and others are set out holistically. Market research focusing on the tourism potentials of the geopark has been conducted to understand consumer behaviour and preferences, laying the foundation for future development of tourism resources in Qingyun Mountain.

This book has six chapters. Chapter I is written by Zhu Hong, Gui Herong, and Liu Lei. Chapter II by Gui Herong, Zhu Hong, He Zhenyu, and Liu Lei. Chapter III by Gui Herong, Ma Yanping, Zhang Chengyun, and Liu Yang. Chapter IV by Gui Herong, Sun Linhua, Chen Song, He Zhenyu, Wang Yue, and Fei Lingling. Chapter V by Zhu Hong, Fei Lingling, Gui Herong, and Zhang Chengyun. Chapter VI by Zhu Hong, Fei Lingling, Gui Herong, Wang Yong, and Yang Qiang. Foreword is written by Gui Herong. The book is compiled and edited by Gui Herong and Zhu Hong. English translation by Gui Lixin.

Due to capacity and resource constraints, the book is inevitably subject to insufficient reference, literature review, or arguments. The authors appreciate comments from the readers.

Authors

November, 2017

molar-tooth structure from Qingyun Mountain are highly precious, both from scientific and aesthetic perspectives. Scientifically, the relics offer insights into the geological processes in Neoproterozoic Era and reconstruct geological events in Precambrian period.

(5) Based on the national geopark standards, assessment criteria based on AHP model are established to evaluate geological relics in Qingyun Mountain. Delphi method is applied and invited a panel of experts to assess the values of the geological relics. The grades are processed accounting for the fuzziness of each criterion. Overall assessment results are obtained by inputting the grades into the extended Fishbein-Rosenberg model. The assessment, which clarifies the type of geological resources and value as tourist sites, produces comprehensive evaluation of the geological heritage in Qingyun Mountain. The results are of reference for geopark planning and construction.

(6) Through investigation and assessment of regional geological relics, surface features are demarcated by ridge line, valley line, steep slope, roads, land rights and other dispute boundaries to delineate the geopark area. Geographic coordinates are set accordingly. Function areas of the geopark are properly separated from conservation areas, accounting for the park's capacity. Plans for staff training, scientific studies, IT infrastructure and others are set out holistically. Market research focusing on the tourism potentials of the geopark has been conducted to understand consumer behaviour and preferences, laying the foundation for future development of tourism resources in Qingyun Mountain.

This book has six chapters. Chapter I is written by Zhu Hong, Qiu Herong, and Liu Lei; Chapter II by Qiu Herong, Zhu Hong, He Zhenyu, and Liu Lei; Chapter III by Qiu Herong, Ma Yanping, Zhang Chengyun, and Liu Yang; Chapter IV by Qiu Herong, Sun Linhua, Chen Song, He Zhenyu, Wang Yue, and Fei Lingling; Chapter V by Zhu Hong, Fei Lingling, Qiu Herong, and Zhang Chengyun; Chapter VI by Zhu Hong, Fei Lingling, Qiu Herong, Wang Yong, and Yang Qiang. Foreword is written by Qiu Herong. The book is compiled and edited by Qiu Herong and Zhu Hong. English translation by Cui Lixin.

Due to research and resource constraints, the book is inevitably subject to omissions, ex-situ, literature reviews, or errors. The authors appreciate

目　录

CONTENTS

第一章　地质遗迹与地质公园

地质遗迹是地球内、外地质作用的产物，具有地质属性、遗产属性和资源属性，是不可再生的自然资源，具有科研、审美和生态环境价值。建设地质公园是保护地质遗迹资源，普及地球科学知识，繁荣地方经济，支持文化教育和优化生态环境的重要举措。地质遗迹资源是地质公园建设的核心，其典型性、稀缺性和观赏性决定了地质公园的性质和品位。

第一节　地 质 遗 迹

一、地质遗迹资源的内涵

在地球演化过程中，形成和改造地球物质组成、外貌形态和内部构造的各种自然作用称为地质作用。造成地质作用的动力，有内动力和外动力。内动力以地球内热为能源，而外动力的能源则是太阳能和日月引力能。内动力地质作用的表现形式有岩浆活动、地震、构造运动、变质作用等，而外动力地质作用则以风化、剥蚀、搬运、沉积以及固结成岩作用为主。在地质作用过程中，因动力能源和介质条件不同而遗留下来的痕迹称为地质遗迹，如特殊的地形地貌、独特的水文景观等。

地质遗迹是在内力地质作用和外力地质作用下形成的。因而，按照莱伊尔“将今论古”的观点，人们可以利用地质遗迹反演地质历史演化过程和物理、化学条件或环境的变化，是人类认识地质现象、推测地质环境和演变条件、恢复地质历史的重要依据。

自然界中，地质作用无时无刻不在进行，随时随地发生，留下了多如繁星的地质遗迹。然而，在形形色色、种类繁多的地质遗迹中，有的地质遗迹比较独特，除了可供地质学家“将今论古”地学研究外，还有可供人类开发利用的经济、社会和文化价值。因而，地质遗迹是一种资源，而且是稀缺资源。目前学界对地质遗迹资源还没有统一定义。本书在国内外相关文献分析的基础上，对地质遗迹资源定义如下：地质遗迹资源是指在地球演化的漫长地质历史时期中，由内外动力地质作用而形成、发展并保存下来的珍贵的、不可再生的，并能在现在和可预见的将来，可供地学研究和人类开发利用并产生经济、社会和文化价值，以提高人类当前和将来福祉的自然遗产。

1. 地质遗迹资源的属性

地质遗迹资源是经过地质作用而形成的遗迹，是人类了解地球亿万年历史，获取地球演化变迁过程的唯一来源，是地球赐予人类的宝贵遗产。地质遗迹资源具有地质属性、遗产属性和资源属性（杨涛，2013）。

（1）地质属性

地质遗迹资源是由地球内外地质营力作用而形成的，它们以一定的物质和形态反映了地质历史时期地球物质运动、生物进化及内外动力作用特征，生动地展示了地球和生命演进的历程。任何地质遗迹一旦遭到破坏，就意味着永远失去，不可能恢复。这一点有别于生物资源中的珍稀或濒危物种（建立自然保护区后可以恢复），充分反映了地质遗迹的珍贵性。所以，任何人为因素的改造都会造成损坏，失去地质遗迹的本来意义；任何经过人工改造的地质体及其景观都不能成为地质遗迹。

（2）遗产属性

所谓遗产就是来源于他人或者外界的、可以继承的、有价值的事物。其中遗产的价值性构成了遗产的基本属性和对遗产加以保护的根本原因；而遗产的可继承性又构成了遗产的特有属性和对遗产加以保护的可行性原因。地质遗迹资源是地球在亿万年的演化中形成的，由于地质遗迹是地壳在特定的物质、时空和动力条件下形成的产物，其物质组成、产状与形态均具有独特的不可替代的天然性，是珍贵的自然遗产。

（3）资源属性

资源是指对人有用或有使用价值的某种东西。地质遗迹资源除了地学研究价值外，还具有社会开发利用价值，同时又具有稀缺性，可被人类开发利用，转变为社会效益和经济效益。随着科学技术水平的提高，人类驾驭自然资源的能力不断增强，人类物质生活水平不断提升，追求精神生活的需要日益迫切，对地质遗迹资源的需要也日益上升。也就是说人类对地质遗迹资源的利用不断向深度和广度发展，利用地质遗迹资源的种类由少到多，开发利用范围由小到大。

地质遗迹资源是一种自然资源，与其他自然资源一样，它们既是自然物，又是自然环境的有机组成部分，其发展变化遵循一定的自然规律，有许多共同性质和特征。因此，地质遗迹资源具有自然资源共同特点，即地域性、可用性、整体性、有限性、可变性、分布的时空性等。同时，地质遗迹资源也具有自己独有的资源属性和特点，主要表现有区域性、观赏性、不可再生性、多样性、知识性和趣味性、永续利用性等。

2. 地质遗迹资源构成要素与类型

地质遗迹资源主要由以下要素构成：有重要观赏和重大科学研究价值的地质地貌景观；有重要价值的地质剖面和构造遗迹；有重要价值的古生物化石及其产地；有特殊价值的矿物、岩石及其典型产地；有特殊意义的水体；有典型和特殊意义的地质环境（地质灾害）遗迹。

地质遗迹可以划分为以下七种类型（陈安泽，2013）：

（1）对追溯地质历史具有重大科学研究价值的典型层型剖面、岩性岩相建造剖面及典型地质构造剖面；

（2）具有地质研究和地学科普价值的各类地质构造形迹；

（3）对地球演化和生物进化具有重要科学文化价值的古人类与古脊椎动物、古无脊椎动物、古植物等化石产地以及重要古生物活动遗迹；

（4）具有特殊科学研究和观赏价值的岩石、矿物、宝玉石及典型产地；

（5）具有重大科学研究和观赏价值的岩石、火山、冰川、流水、海蚀海积、构造地貌景观；

（6）有独特医疗、保健作用或科学研究价值的温泉、矿泉、地下水活动痕迹以及有特殊地质意义的湖沼、河流、瀑布景观；

（7）具有科学研究意义的典型地震、陨石冲击、地裂、塌陷、沉降、崩塌、滑坡、泥石流等地质灾害遗迹和采矿遗迹景观。

地质遗迹类型划分见表1-1所示。

表1-1　地质遗迹类型划分表

大类	类	亚类
地质（体、层）剖面大类	地层剖面	全球界线层型剖面（金钉子）
		全国性标准剖面
		区域性标准剖面
		地方性标准剖面
	岩浆岩（体）剖面	典型基、超基性岩体（剖面）
		典型中性岩体（剖面）
		典型酸性岩体（剖面）
		典型碱性岩体（剖面）
	变质岩相剖面	典型接触变质带剖面
		典型热动力变质带剖面
		典型混合岩化变质带剖面
		典型高、超高压变质带剖面

续表

大类	类	亚类
地质（体、层）剖面大类	沉积岩相剖面	典型沉积岩相剖面
地质构造大类	构造形迹	全球（巨型）构造
		区域（大型）构造
		中小型构造
古生物大类	古人类	古人类化石
		古人类活动遗迹
	古动物	古无脊椎动物
		古脊椎动物
	古植物	古植物
	古生物遗迹	古生物活动遗迹
矿物与矿床大类	典型矿物产地	典型矿物产地
	典型矿床	典型金属矿床
		典型非金属矿床
		典型能源矿床
地貌景观大类	岩石地貌景观	花岗岩地貌景观
		碎屑岩地貌景观
		可溶岩地貌（喀斯特地貌）景观
		黄土地貌景观
		砂积地貌景观
	火山地貌景观	火山机构地貌景观
		火山熔岩地貌景观
		火山碎屑堆积地貌景观
	冰川地貌景观	冰川刨蚀地貌景观
		冰川堆积地貌景观
		冰缘地貌景观
	流水地貌景观	流水侵蚀地貌景观
		流水堆积地貌景观
	海蚀海积景观	海蚀地貌景观
		海积地貌景观
	构造地貌景观	构造地貌景观
水体景观大类	泉水景观	温（热）泉景观
		冷泉景观
	湖沼景观	湖泊景观
		沼泽湿地景观

续表

大类	类	亚类
水体景观大类	河流景观	风景河段
	瀑布景观	瀑布景观
环境地质遗迹景观大类	地震遗迹景观	古地震遗迹景观
		近代地震遗迹景观
	陨石冲击遗迹景观	陨石冲击遗迹景观
	地质灾害遗迹景观	山体崩塌遗迹景观
		滑坡遗迹景观
		泥石流遗迹景观
		地裂与地面沉降遗迹景观
	采矿遗迹景观	采矿遗迹景观

资料来源：《国家地质公园规划编制技术要求》（国土资发〔2016〕83号）。

二、地质遗迹资源的价值

地质遗迹资源是自然生态环境的重要组成部分，是自然资源的有机组成之一，与土地资源、矿产资源、水利资源、生物资源、海洋资源一样，是人类宝贵财富，具有资源价值、科学研究价值、审美价值和生态环境价值（武国辉等，2006）。

1. 资源价值

资源是人类社会的生产资料与劳动对象，人们通过生产活动，直接或间接地从资源中获取生存所必需的物质与能量。人们越来越清楚地认识到，地质遗迹资源是满足和提高人类物质生活水平的财源，其在经济社会发展中的地位和作用越来越受到各级政府的重视，特别是国际倡导的世界遗产保护和合理利用使地质遗迹资源对人类社会经济增长的贡献日益提高，而成为世界的财富。

随着我国旅游业的发展，地质遗迹资源在旅游业中的地位和作用与日俱增，所产生的经济、社会效益在旅游业产值中的比例不断提升，已成为了我国旅游资源开发和经济社会发展的一个新的增长点，地学旅游越来越受到广大人民群众的喜爱。

2. 科学研究价值

自然是人类认识的客体。人类从事科学研究，一是为了认识自然和改造自然，满足人类的物质生活需要，为人类的生存和发展服务；二是为了满足人类的求知欲和好奇心等精神需要，把自然的本质和规律不断内化为人的知识和智力等内在力量，实现人的自我塑造，使人的本质日益丰富和完善。大量的地质遗迹为研究人类和自然界的发展提供了重要的科学依据，诠释了困惑人类的一个又一个的“疑问”。例如，某些地质构造剖面及构造形迹，是地球物质形成、地球演化、地质作用及其产物的反映和忠实纪录，为研究地球物质组成，重塑地球演化历史提供丰富的材料和依据。再如，人们对地质灾害遗迹的时空分布、共生关系、发生顺序及其规律的研究，必将为我们研究地质灾害产生、发展、演化提供丰富的材料，其结果为防治地质灾害提供科学依据。

3. 审美价值

一个客观的美学价值具有两方面的含义：一是客观美，即这个客体具有客观存在的美，不因欣赏者的主观判断而变化；二是主观美，取决于欣赏者的主观判断，有时“丑”也是“美”。地质遗迹资源的观赏性，充分展示了它的美学特征，形形色色的地质遗迹资源，既有雄、秀、险、奇、幽、旷等形象美，又有动与静的形态美；既有色彩美，又有声色美。大自然的客观美和主观美浑然天成，能够引起人们精神上的愉悦，可以陶冶人们的理想、信念、意志和情操，也可以成为人类艺术创作的源泉，有利于人类智慧和个性的自由发展，因而地质遗迹资源具有无与伦比的审美价值。

4. 生态环境价值

人类的产生、进化和发展都与自然生态系统的演变息息相关。在人与资源的关系中，不容忽视资源与环境的关系，两者互为依存、互相影响。资源本身就是人类生存环境的一部分，而且是重要的组成部分，人类利用了资源也就利用了环境。环境的生态功能主要是指生物圈与大气圈、水圈、土壤圈、岩石圈之间通过物质循环、能量流动、信息传递，从而实现了生物群落的形成和演替。地质遗迹资源是一种自然资源，也是自然生态系统的重要组成部分，具有生态价值。

三、遗迹资源保护与利用

地质遗迹资源是地学研究的重要依据，也是提高人类生活质量的重要物质基础，保护、利用与管理地质遗迹资源已成为21世纪人口、资源、环境的一个重要内容，也是当今学术界研究的热点问题。

在全球兴起保护文化自然遗产（natural and culture heritage）的热潮中，国际地学界对地质遗迹（geological relics）的保护越来越重视。为了更好地保护地质遗迹，2001年联合国教科文组织通过了建立世界地质公园网络的决定，近期目标是每年在全世界建立20个世界地质公园，以期将来实现全球建立500个地质公园的远景目标，并形成全球地质遗迹保护网络体系。

我国地域辽阔，地质地理条件复杂，神奇的大自然形成许多独特甚至是世界上罕见的地质景观，在世界地质遗迹宝库中享有盛名，故联合国教科文组织将我国列为世界地质公园网络计划试点国家之一，这大大推动了我国地质遗迹资源的开发与保护工作。截至 2016 年 12 月，国土资源部公布 7 批共 240 家国家地质公园，其中有 33 家先后入选世界地质公园，为地质遗迹资源保护与开发提供了有效途径。地质公园建设，对资源保护、环境治理、生态恢复等方面起到非常积极的作用，也带动了旅游业的发展，增加了当地就业机会，有效促进了地方经济的发展。地质公园建设有别于其他主题公园，在带动经济发展和环境保护的同时，还具有普及地学知识功能，在科学与广大民众之间架起了一座桥梁，在国民经济的发展中具有重要的地位和作用。

第一，地质遗迹是宝贵的自然遗产，也是生态环境的重要组成部分。加强地质遗迹保护与科学研究工作是贯彻落实党中央国务院“生态文明”建设的重要举措之一，已成为当今时代文明进步的最强音。

第二，地质遗迹资源对提高人类生活质量具有重要意义，是 21 世纪资源利用与保护的一个重要内容，也是当今地学界研究的热点问题。人类随着物质生活水平的不断提高，对精神生活和生活质量的追求也逐渐增强，推动了以地质资源为主题的旅游业发展，地质遗迹资源在旅游业中的地位和作用与日俱增，所产生的经济、社会效益在旅游业产值中比例不断上升。

第三，地质遗迹的开发利用成为我国第三产业发展的新动力。地质遗迹资源是一种不可再生的自然遗产，是自然旅游资源的重要组成部分。作为高级动物的人类，在满足物质生活需要的同时，渴求融入自然、回归自然的冲动由来已久，地质旅游资源的开发利用，顺应了人类的本质欲望，已成为世界旅游业发展的重点，在第三产业中已占有较大比例。毫无疑问，地质旅游的蓬勃兴起，大大推动了我国第三产业发展的兴盛。

第四，地质遗迹资源产业是资源节约型和可持续发展型的产业。地质遗迹资源与基础产业相比，不需要专门的原料消耗，资源可以持续利用。地质遗迹资源产业本身就是以自然生态和环境保护为方针，在开发资源，保护自然生态环境方面起着重要作用，这也决定了地质遗迹资源产业将成为引导我国产业绿色化的先锋。

第五，地质遗迹资源产业为第一、第二产业的发展提供新的市场。“行、游、住、吃、购、娱”是旅游业持续发展的“六要素”。地质旅游产业不仅具有旅游“六要素”属性，而且还有吸引人们了解自然、探究地球之谜的功能，这是其他旅游主题无法比拟的。因而地质旅游可以很好地将“行、游、住、吃、购、娱、探”连接一起，形成新的市场推动力，是“朝阳产业”，为第一、第二产业带来更广更深层次上的发展，为第一、第二产业的发展持续不断地开辟和提供市场。

第六，开发地质遗迹资源，带动贫困地区群众走上脱贫致富之路。地质遗迹资源多远离城镇，地处偏远的山区、丘陵地带，由于交通不便，产业基础薄弱，多数是我国经济发展相对落后的地区。大自然的鬼斧神工在这些地区造就了无数的山水奇观，通过地质旅游开发，促进地区旅游事业的发展，帮助和带动贫困地区群众脱贫致富，是具有重大的战略意义和深远影响的举措。

第七，地质遗迹资源开发利用对文化发展具有促进作用。一方面地质旅游对于人民来说，可以丰富地理、地质、文史、风俗民情知识，旅游途中所见、所思、所闻，成为旅游者积累知识财富的过程；另一方面旅游活动在客观上起着密切联系地区之间信息交流和生活方式交流的作用，不仅对经济落后地区人民建立起与现代文明、市场经济相适应的思维方式和工作方式产生积极影响，而且也为不同地区文化的融合发挥积极作用。

第八，地质遗迹资源可持续利用对于树立科学发展观，认识与把握事物发展规律等具有重要的理论意义。地质遗迹资源可持续发展涉及两大问题：一方面是地质遗迹资源持续利用，是保证未来经济建设与社会发展以及人类生活水平提高的需要；另一方面是地质遗迹资源开发利用要适度，要保证地质遗迹资源与生态环境不遭受破坏。地质遗迹资源可持续利用是一个十分复杂的不断发展的区域性多层次系统，它涉及地质遗迹资源保护与利用、人口、环境、社会、科技等多要素。因此，对地质遗迹资源的认识不能仅仅停留在保护、开发、利用这样一个较低层次上，而更应该从可持续发展的战略高度上认识地质遗迹资源，将单纯的资源开发利用观、保护观上升到资源可持续发展观，并通过资源的经济制度和社会制度创新促进地质遗迹资源的可持续发展。

第二节 地 质 公 园

地质公园是以珍贵地质遗迹为主体，以有效保护、传播地学知识、发展当地经济为目标而提出的一种新型自然遗迹保护模式。这种模式有效缓解了发展中的人类与自然环境之间的激烈冲突，体现人与自然和谐发展理念，符合当前人类社会可持续发展的基本思路。

一、地质公园的概念

人类在探索自然历史的过程中逐渐认识到保护地球遗产的重要性，又从保护地球遗产的长期过程中找到了最佳办法和最好途径，那就是建立“地质公园”。

联合国教科文组织地学部在《世界地质公园网络工作指南》中，对“地质公园”定义如下：地质公园是一个有明确的边界线，并且有足够大的使其可为当地经济发展服务的地区。它是由一系列具有特殊科学意义、稀有性和美学价值的，能够代表某一地区的地质历史、地质事件和地质作用的地质遗迹或者拼合成一体的多个地质遗迹所组成，它也许不只具有地质意义，还可能具有考古学、生态学、历史或文化价值。这些遗迹彼此有联系并受到公园式管理及保护，制定了采用地方政策以区域性社会经济可持续发展为方针的官方地质公园规划。地质公园支持文化、环境上可持续发展的社会经济发展，可改善当地居民的生活和区域环境，能加强居民对地区文明的认同感和促进当地的文化复兴。可探索和验证对各种地质遗迹的保护方法。可用作教学的现实场所，进行与地学各学科有关的可持续发展教育、环境教育、培训和研究。

在国内《旅游地学大辞典》中，将地质公园定义为：以具有特殊的科学意义、稀有的自然属性、优雅的美学观赏价值，具有一定的规模的地质遗迹为主体，并融合其他自然景观或人文景观资源建立的以传播地球科学知识为主，兼顾观光、休闲度假、康疗保健、专题研究功能的公共园地（赵逊和赵汀，2002，2003）。按资源价值和审批权限，可分为世界级、国家级、省级和县市级。保护地质遗迹与自然环境、传播地球科学知识、促进全民族科学素质提升，开展旅游活动、促进地方经济社会可持续发展，是地质公园的宗旨和任务。

国内和国际上对地质公园的表述虽然不同，但都突出了地质公园的两个基本属性：地质与公园的双重性。地质属性是指地质遗迹的科学价值与生态价值；公园属性主要体现在地质遗迹的美学价值及由此衍生出来的经济价值，其中地质属性是区别于一般景区的显著特征。

二、地质公园的分类

参照《国家地质公园规划编制技术要求》（国土资发〔2016〕83 号）相关规定，地质公园按照不同的划分标准可以分为不同的类型。

1. 按等级划分

根据地质遗迹景观资源的科学价值和管理等级，地质公园可分为世界地质公园（UNESCO Geopark）、国家地质公园（National Geopark）和省级地质公园（Provincial Geopark）和县市级地质公园（County Geopark）四种类型。目前我国尚未开展县市级地质公园的建设工作。

2. 按园区面积划分

根据公园面积大小，地质公园分为特大型、大型、中型和小型等四种类型。其中特大型地质公园面积大于 500km^2；大型地质公园面积为 100～500km^2（含 500 km^2）；中型地质公园面积为 20～100 km^2（含 100 km^2）；小型地质公园面积小于 20 km^2（含 20 km^2）。

3. 按功能划分

地质公园是一类特殊的科学公园，具有较高的科研科普价值。按功能侧重点的差异，可将地质公园划分为两类：一类是科研科考主导型地质公园，园中景观科学研究价值高，但美学观赏价值稍差，其主要任务是保护珍稀的地质遗迹；另一类是审美观光主导型地质公园，园中景观美学观赏价值高，并具有一定的科学研究价值，这类公园对普通游客来说具有强烈吸引力，大多数地质公园属于此类型。

4. 按资源类型划分

可分为七大类型：地质剖面类，如地层剖面、变质岩相剖面等；地质构造类，如全球（巨型）构造等；古生物类，如古动物、古人类遗迹等；矿物矿床类，如典型矿物产地、典型矿床等；地貌景观类，如岩石地貌、冰川地貌、流水地貌等；水体景观类，如泉水、湖沼、河流景观等；环境地质遗迹类，如地震、陨石冲击、地质灾害、采矿遗迹等。我国地质公园大多属于以地貌景观类为主要特征的地质公园。

三、地质公园的价值

地质公园不仅是地质遗迹景观和生态环境的重点保护区，也是进行地质科学研究与教育普及的基地，同时为人们提供了具有较高科学品味的观光旅游、休闲度假、保健疗养、文化娱乐的场所。

1. 保护地质遗迹

地质公园以保护地质遗迹资源为前提，遵循开发与保护相结合的原则，严格保护地质遗产、保护自然景观，维护生态平衡。地质公园根据自身特点，可以分为地质遗迹景观区、自然生态区、人文景观区、综合服务区和居民点保留区。其中地质遗迹景观区还可细分为特级、一级、二级和三级地质遗迹保护区。通过功能分区，可以有效处理公园保护与开发两者之间关系，使人类活动影响控制在最小范围内。

2. 普及地学知识

地质公园内的地质、地貌、土壤、生物、水文等自然资源对于研究地质和自然科学的人们来说，是天然的地质和自然科学博物馆，能有效开展地球演化、地质构造、生物进化、生态系统、生物群落、自然资源等方面的教学和科研工作。同时通过游客中心、地质博物馆、科研科普基地、地质解说牌等方式，在室内或野外进行地球科学知识普及，提高国民科学素质。

3. 繁荣地方经济

随着社会的进步和经济的发展，人们对于户外游憩的需求与日俱增，渴望重归自然。地质公园自然环境优美、地质景观奇特，是激发游客特别是青少年求知欲的重要场所，也是生活在现代都市中的居民最好的游憩之地。地质公园通过产业链的延伸，可以形成营业收入、居民收入、就业教育、投资环境等乘数效应，对地方社会、经济、文化的繁荣产生明显的影响。

四、地质公园的徽标

世界地质公园徽标（图 1-1）由约克·佩诺先生（York Penno）设计。徽标外部的图案象征着地球，五条曲线分别代表着地球的圈层：地幔与地核、岩石圈、水圈、生物圈和大气圈，它象征着地球行星是一个已经形成的各种事件和作用构成的不断变化着的系统。整个徽标的寓意是在联合国教科文组织的保护伞下，世界地质公园是地球上选定的，其所包含地质遗产已受到保护，并为可持续发展服务的特别地区。未经联合国教科文组织批准，任何集团不得使用世界地质公园“UNESCO GEOPARK”标志。

国家地质公园徽标（图 1-2）由陈安泽创意，梁向荣设计。徽标为正圆形，外圈上缘是汉字“中国国家地质公园”，下缘为英文“NATIONAL GEOPARK OF CHINA”。内圈是象形图案，上部用中国古汉字“山”，代表奇峰异洞、山石地貌景观；中部是古汉字“水”，既代表江湖海泉瀑等水体景观，又代表着上下叠置的地层及地质构造产生的褶曲和断层；下部是以侏罗纪地层中的马门溪龙（mamenchisauros）为模特的恐龙造型。整个图案简洁醒目、寓意深刻，既展现了

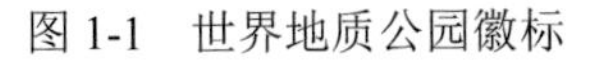
图 1-1　世界地质公园徽标

图 1-2　国家地质公园徽标

丰富多样的地质地貌景观，又体现了博大精深的中华山水文化。只有经国家正式批准的国家地质公园才能使用中国国家地质公园的徽标。

五、国家地质公园发展

我国是世界上最早提出并最先由政府部门组织建立国家地质公园的国家，也是全球建立地质公园最早的国家之一。1999 年，国土资源部在山东省威海市召开“全国地质地貌景观保护工作会议”，提出“以建设国家和地方不同层次地质公园的形式来推进我国地质遗迹保护工作”的方针。自 2000 年开始，正式在全国组织实施国家地质公园计划，成立了由国务院有关部委、机构和相关专家组成的国家地质遗迹（地质公园）领导小组及国家地质遗迹（地质公园）评审委员会，并先后制订了《全国地质遗迹保护规划》，编制了《国家地质公园申报评审制度》，出版了《中国国家地质公园建设工作指南》一书，出台了《国家地质公园规划编制技术要求》、《国家地质公园评审标准》、《国家地质公园建设验收标准》等文件，极大地促进了地质公园事业的发展。截至 2016 年 12 月，我国已开展了七批次国家地质公园建设工作，先后批准建立国家地质公园（含取得地质公园资格）241 家。全国各省（自治区、直辖市）国家地质公园数量统计见图 1-3（不含港、澳、台地区）。

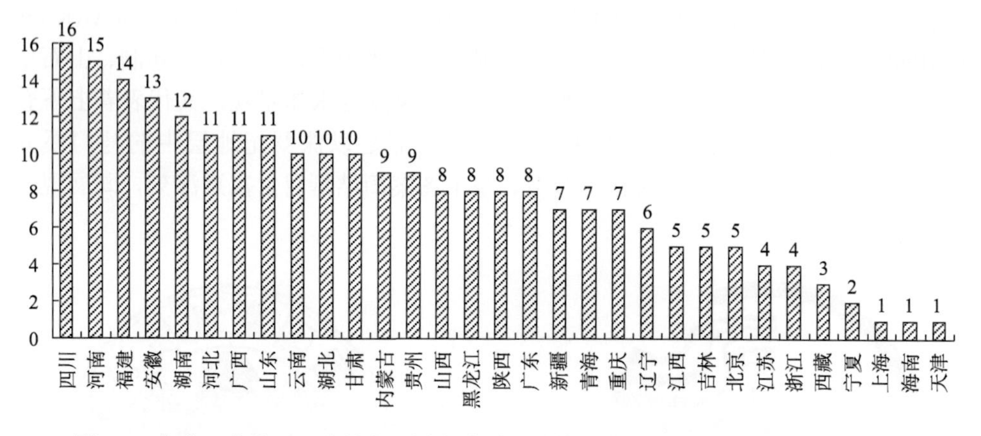

图 1-3　各省（自治区、直辖市）国家地质公园数量统计（不含港、澳、台地区）

为了进一步促进我国地质公园健康发展，2012 年 10 月，国土资源部成立了国家地质公园网络中心，设在中国地质科学院。国家地质公园网络中心是国土资源部地质公园管理工作的业务支撑机构和全国地质公园的行业组织服务机构。其主要职责是：受地质公园主管部门（国土资源部地质环境司）委托，对全国地质遗迹保护、国家地质公园和世界地质公园的规划发展、建设管理、监督和指导业务、技术支撑；负责组织全国的地质公园开展行业发展活动并为地质公园健康发展提供咨询和服务。

为了响应联合国教科文组织建立“世界地质公园网络体系”的倡议，自2003年起，我国开始申报和创建世界地质公园。2004年6月，联合国教科文组织与国土资源部在北京联合召开了“第一届世界地质公园大会”，并将世界地质公园网络办公室设在北京，由国土资源部负责管理和工作运转。截至2016年12月底，我国已有世界地质公园35家，是世界地质公园最多的国家。我国在地质公园建设上取得了举世瞩目的成绩，形成了独具特色的地质公园管理模式。

目前，作为一种资源利用方式，地质公园已在地质遗迹与生态环境保护、地方经济发展与解决劳动者就业、科学研究与知识普及、提升原有景区品味、基础设施改造、国际交流和提高全民素质等方面日益显现出巨大的综合效益，得到了地方政府和社会各界的普遍认可，地质公园正在成为支撑我国经济可持续发展的重要基础和服务生态文明建设的有效载体。

六、安徽省地质公园建设

安徽省位于我国东部，自2002年黄山、八公山等入选第二批国家地质公园以来，安徽省先后建有地质公园18家，其中国家地质公园13家（含取得国家地质公园资格），占全国总数5.39%，位居全国第四位；省级地质公园5家（含取得地质公园资格）。安徽省拥有2家世界地质公园，分别是黄山世界地质公园和天柱山世界地质公园，九华山作为2018年度中国向联合国教科文组织报送的世界地质公园申报单位，参加联合国教科文组织世界地质公园专家审查评定。与周边邻省相比，安徽省国家地质公园数量仅次于河南省，位居第二。安徽省地质公园基本情况见表1-2。

表1-2 安徽省地质公园一览表

公园名称	级别	位置	区位	主要特征	批次
黄山	世界级	黄山市	皖南	花岗岩地貌，第四纪冰川遗迹	第二批
天柱山	世界级	潜山县	皖西	花岗岩地貌，超高压变质带	第四批
八公山	国家级	淮南市	皖中	淮南生物群，寒武纪地层	第二批
齐云山	国家级	休宁县	皖南	丹霞地貌，恐龙遗迹化石	第二批
浮山	国家级	枞阳县	沿江	火山地貌	第二批
牯牛降	国家级	祁门县	皖南	花岗岩地貌，水文地质景观	第三批
大别山	国家级	六安市	皖西	花岗岩地貌，超高压高温变质带	第四批
九华山	国家级	池州市	皖南	花岗岩地貌，可溶岩地貌	第五批
凤阳山	国家级	凤阳县	皖中	可溶岩地貌，水文地质景观	第五批
太极洞	国家级	广德县	皖南	可溶岩地貌	第六批
丫山	国家级	南陵县	皖南	可溶岩地貌，二叠三叠纪地层	第六批

续表

公园名称	级别	位置	区位	主要特征	批次
马仁山	国家级	繁昌县	沿江	火山地貌，古崩塌遗迹	第七批
磬云山	国家级	灵璧县	皖北	可溶岩地貌，古地震遗迹	第七批
溶洞群	省级	石台县	皖南	可溶岩地貌	2004
女山	省级	明光市	皖中	火山地貌，水文地质景观	2004
大蜀山紫蓬山	省级	合肥市	皖中	火山地貌，侏罗纪地层	2011
古黄河	省级	砀山县	皖北	流水地貌	2016
褒婵山	省级	含山县	沿江	可溶岩地貌	2016

资料来源：《安徽地质公园》，2014。

根据地质遗迹类型划分，安徽省地质公园以地貌景观、地质构造、地质剖面和水体景观地质遗迹为主；在地质遗迹类中，安徽省地质公园以可溶岩地貌为主（6 家），占公园总数 32%，花岗岩地貌和火山岩地貌次之（3 家），占 16%，变质岩相剖面 2 家，占 12%，地层剖面、古生物遗迹和碎屑岩地貌、流水地貌均为 1 家。因此，尽管全省地质公园建设各有特色，但是各公园之间存在同质化发展现象。

安徽省在大地构造上呈现明显的区域差异，形成了全省北部是广阔的淮北平原，西部、南部是绵延起伏丘陵山区，中间则是风光秀丽的皖江流域地貌特征。依据全省区域构造和地貌单元类型，安徽省地质公园空间分布分为皖北、皖中、沿江、皖西和皖南五个地质公园空间分区（表 1-2）。

运用区域空间综合密度对安徽省地质公园（含省级）的空间分布特征进行定量分析，计算公式如下：

$$D = Q / \sqrt{S \times P} \tag{1-1}$$

式中，D 为区域地质公园综合密度；Q 为区域地质公园个数；S 为区域国土面积（$10^4\,\text{km}^2$）；P 为区域人口总数（百万人）。

安徽省已有地质公园 18 家，根据民政部全国行政区划信息查询平台显示，截至 2015 年末，安徽省国土面积 $13.97\times10^4\,\text{km}^2$，总人口 6912 万人。全省地质公园空间综合密度计算结果见表 1-3。

表 1-3　安徽省地质公园空间综合密度分析

指标	皖北	皖中	皖西	沿江	皖南	全省
Q	2	4	2	3	7	18
S	3.67	3.0	1.76	2.37	3.17	13.97
P	28.38	15.79	5.47	13.03	6.46	69.12
D	0.196	0.581	0.644	0.539	1.547	0.579

根据计算结果，安徽省地质公园平均综合密度为0.579。各地质遗迹分区中，皖南地质遗迹分区地质公园数量最多，综合密度最高，为1.547，皖西、皖中、沿江地质遗迹分区次之，皖北地质遗迹分布区地质公园数量最少，综合密度最低，为0.196。分析结果显示，安徽省地质公园空间综合密度相差较大，南北分布不均衡。

第二章　磬云山地理文化

作为地质公园主园区，磬云山属侵蚀-溶蚀型低山丘陵地貌，基岩裸露范围大，有利于地质遗迹的观察；坡麓、坡台地带被第四系松散层覆盖，这里埋藏了千奇百怪的灵璧石。灵璧石文化唐代初步发展，至宋代繁荣，明清品石专著层出不穷、赏石理论更加完善，近现代进入一个以保护地质遗迹资源为目标的灵璧石文化兴盛时期。

第一节　交 通 位 置

磬云山位于安徽省东北部，行政区划隶属于宿州市灵璧县渔沟镇（副县级扩权镇)管辖。地理坐标为：东经 117°35′02″～117°37′25″，北纬 33°51′56″～33°52′58″。

磬云山交通位置便利，区位优势明显。距灵璧县城约 42 km，距宿州市区约 90 km。北接江苏省徐州市铜山区，东临江苏省睢宁县，南连蚌埠市固镇、五河两县，距徐州观音机场 20 km，距京沪高铁宿州东站 45 km，有城市主干道路与徐明高速、泗宿高速相连，其中徐明高速渔沟出口距磬云山不足 5 km；201 省道南北向纵穿园区。

第二节　自 然 地 理

一、地形地貌

1. 区域地貌特征

磬云山地处黄淮平原南缘，地貌分布主要为平原地带，仅北部、东北部有少量低山丘陵覆盖，山丘属淮阳山系，徐淮山脉余脉，呈北东向，与区域构造线基本一致，地貌格局简单。区内地貌成因以剥蚀和堆积为主，区域地貌形态类型可分为平原和低丘两大类型。

平原分布于皖北大部分区域，地势平坦，地面标高在+20 m 左右，组成地层一般为第四系全新统黏土、砂土。地貌成因类型为冲积堆积类型。

低丘沿渔沟镇北东方向分布，与区域构造线方向基本一致，属淮阳山系、徐淮山脉余脉，地形起伏不大，山体低矮，丘顶圆滑，丘坡较缓，坡度一般为 15°～

25°，微地貌形态表现为山前斜坡地和丘顶，分布标高在+30～+155 m之间。组成岩性主要为新元古代碳酸盐岩。地貌成因类型主要为剥蚀、溶蚀型。

2. 公园地貌特征

磬云山地貌形态属低山丘陵，地貌成因属侵蚀溶蚀地貌，园区山丘局部段基岩裸露，植被不甚发育；坡麓、坡台地带被第四系松散层覆盖，植被茂盛，海拔标高在+25～114.2m之间，最高峰为磬云山，海拔114.2m，山顶圆滑，丘坡较缓，呈船状，故当地人俗称“石船”。磬云山微地貌类型包括低丘和决口扇形地。磬云山全貌见图2-1。

图2-1　磬云山全貌

图片来源：朱洪 摄

低丘分布于磬云山、崇山区域，海拔标高在+30～114.2m之间，其中标高+30～+50m为山前斜坡地，标高+50～114.2m为丘顶，坡度一般为15°～25°。山上植被贫瘠，碎石覆盖。组成岩性为张渠组薄—中厚层微晶灰岩、泥质灰岩、竹叶状灰岩及厚层结晶白云岩。地貌成因类型为侵蚀、溶蚀类型。

平原分布于磬云山、崇山外围地带，微地貌表现为决口扇形地，是灵璧地区分布面积最广的微地貌类型，地面标高约+25 m左右。组成地层一般为第四系全新统黏土、砂土。地貌成因类型为冲积堆积类型。磬云山地形地貌图见图2-2。

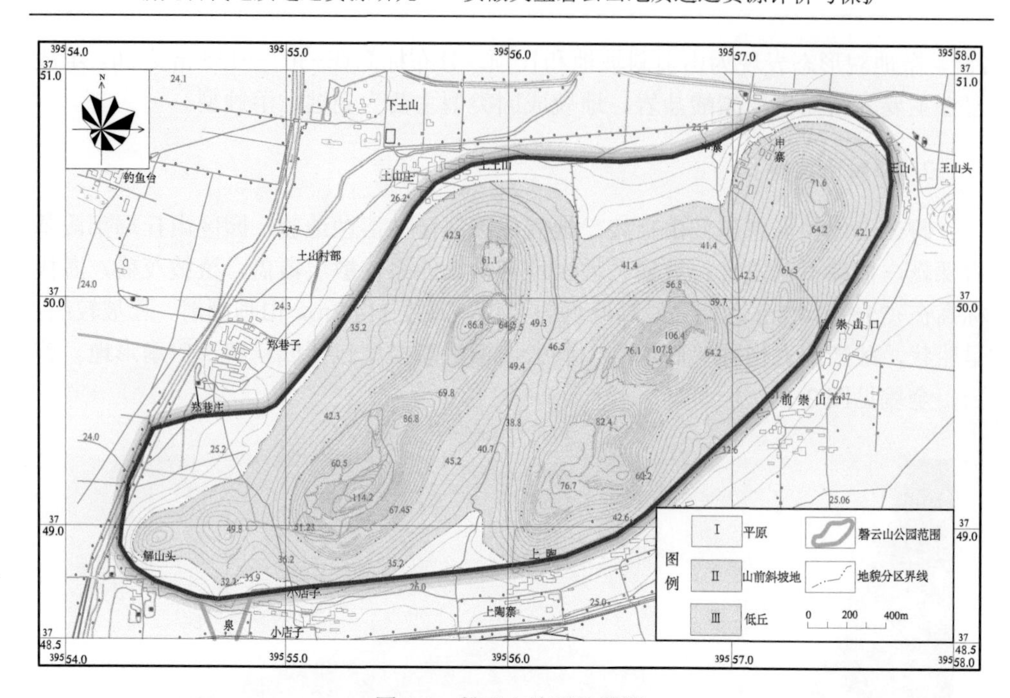

图 2-2　磬云山地形地貌图

图片来源：安徽省地质测绘技术院 制

二、气象与水文

磬云山地处北亚热带与温带的过渡带，属暖温带半湿润季风气候区，四季分明，雨量适中，降雨多集中于夏季。公园气候温和，光照充足，降水充沛，年平均降水量 868～922mm，年平均气温 14℃。冬季（12 月至次年 2 月）境内盛吹西北风和偏北风，气候干燥、寒冷、降水少。夏季（6～8 月）多吹偏南风和东南风，气温高，降水量大且集中。秋季（9～11 月）气压开始上升，气温逐渐下降，雨量也有所减少。春季（3～5 月），西伯利亚、蒙古高压开始减弱，副热带高压增强，天气冷暖变化无常。

磬云山周边河流属淮河水系，地表水主要为降雨径流和泉水出露。周边无较大水体，三渠沟、磬云沟等水渠依次环绕公园四周，水源来自上游水库放水及大气降雨，农时作为农田灌溉用水。

三、动植物资源

磬云山动物资源较为丰富，据统计共 5 门、9 纲。野兽类有：兔、獾等；野禽类有：鹤、雁、鹭鸶、野鸡、鹌鹑、练雀、项黄鹤、喜鹊、鸠、野鸭、家燕、鸳鸯等；鱼类主要有青鱼、鲶鱼、草鱼、鲢鱼、鲫鱼、鳙鱼、泥鳅、鲤鱼等近百种野生鱼类，其中鲤科鱼类种数繁多，且其种的个体产量也很丰富。

磬云山森林植被属华北区系类型，属暖湿带落叶阔叶林区，植物资源较丰富，种类繁多。植被类型包括草本类型、木本类型和草本木本间作类型，其中木本类型主要分布在村庄四旁、宜林山场、平原及沟河堤坝等。主要有杨树、泡桐、刺槐、旱柳、榆、楸树、槐、杏、石榴、梨、苹果等。灵璧县为全国重要的粮食生产基地，以种植小麦、玉米、大豆等为主，农副产品丰富，盛产苹果、梨、樱桃、杏等水果。

四、土壤及特征

磬云山地处黄泛平原，山体基岩裸露，由新元古代碳酸盐岩组成，周边地势平坦，土壤由近代黄泛冲积物发育而成，属于潮土类、石灰性潮壤土或潮黏土土壤。土壤有机质 14～16g/kg，有效磷 11～14mg/kg，速效钾 100～120mg/kg，pH 为 7.8～8.2，土壤有机肥力中等偏上水平，耕地质量达到三级标准，是当地农业生产的重要物质基础，也是发展现代农业的主要载体。

磬云山山麓周围的土壤由碳酸盐岩风化残积物发育而成，属于石灰（岩）土土类，红色石灰土岩类，山红土土属，山红土土种，呈带状分布，土层较厚，土体有发育良好的耕作层、犁底层、淋溶淀积层、母质层和母岩层。土壤有机质 10～12g/kg，全氮 0.7～0.8g/kg，有效磷 8～12mg/kg，速效钾 70～90mg/kg，pH 7.0～7.5，属于中性土壤。该种土壤质地黏重，耕性较差。由于地理位置较高，地下水埋深一般 6m 以下，缺乏灌溉设施，极易遭受旱灾，常年产量水平在 600kg 以下，属于干旱灌溉型的中低产田。今后如能加强灌溉设施建设，增施有机肥，培肥地力，该种土壤将有较大的增产潜力。

磬云山山坡及山顶以裸露基岩为主，有经过风化剥蚀而成的残积物，并有浅薄石灰岩坡积物分布其中，主要发育成黑色石灰土，属于石灰（岩）土土类，黑色石灰土亚类、黑色土属，呈点片分布，颜色多为黑褐色或灰黑色，浅薄多砾，土层厚度一般小于 10cm，水土冲刷严重，系非耕作土壤。植被以落叶阔叶为主，常见有栓皮栎、麻栎、大果榆、豆梨、黄荆条、酸枣、侧柏等。植物以红草、血草、狗尾草最多。

第三节　历史演进

一、研究区历史沿革

研究区为宿州市灵璧县境内，灵璧县渔沟镇是灵璧石的源产地，磬云山坐落于渔沟镇。因此这里简单阐释灵璧县的历史沿革。

据《灵璧县县志》记载，现今灵璧县：

汉分属洨、虹、谷阳、符离、夏丘、下邳诸县领辖。三国属魏谯郡（今亳州）。

西晋属沛国；东晋属阳平郡。

南北朝改阳平郡为谷阳郡，又置连城、高昌二县，灵璧县南郊隶属连城县。梁置临潼郡，北齐废为县，后又置潼郡，辖今县境北部。

隋初属彭城郡，后改属下邳郡。

唐初属谷阳县，隶徐州。显庆元年（公元 656 年），夏丘更为虹，废谷阳入蕲县，灵璧县分属虹、蕲两县。元和四年（公元 809 年），虹县部分属宿州，隶河南道。

五代十国，灵璧县分属宿州、泗州之地。

宋哲宗元祐元年（公元 1086 年），析虹县的零壁镇置零壁县，属宿州，隶淮南东路，政和七年（公元 1117 年）改“零壁”为“灵璧”；建炎后没于金。

元初复立灵璧县，属宿州，隶河南归德府。至元四年（公元 1267 年）改属泗州；十七年复属宿州。

明初属宿州，洪武四年（公元 1371 年），宿州改属临濠府；六年属中立府；七年属中书省凤阳府；后属凤阳府，直属南京。

清初沿明制，顺治二年（公元 1645 年）改属江南省凤阳府；康熙六年（1667）改属安徽省，先后属凤阳府、凤颍六泗道管辖。

“中华民国”元年（公元 1912 年）四月废州设县，灵璧县直属安徽省。1914 年置道，属淮泗道。1916 年废道，又直属安徽省。1921 年，安徽省设十个行政区，灵璧县属第六行政区。1924 年改为九个行政督察区，灵璧县属第六督察区。抗日战争期间，先后裁并改设 8 个专署，灵璧县属第六专署。1934 年，安徽省设九个行政区，灵璧县属第四行政区。1937 年 11 月 25 日，灵璧解放，属江淮解放区第三行署。1938 年 4 月 21 日改属皖北行署宿县专区。

中华人民共和国建立后，灵璧县仍属皖北行署宿县专区。1952 年 4 月 12 日改属安徽省宿县专区，1956 年元月 12 日改属安徽省蚌埠专区。1961 年 4 月 13 日，蚌埠专区划为滁县、宿县专区，灵璧县属宿县专区。1971 年 3 月 29 日，宿县专区改名为宿县地区（后又改名为宿县地区行政公署，现为宿州市），隶属关系未变。

二、磬云山建设历程

灵璧县地理位置上处于“扼汴控淮，当南北冲要”，自秦汉以来便是“舟车会聚，九州通衢”之地，两汉文化底蕴厚重。产于灵璧县的奇石——灵璧石，历史悠久，与英石、太湖石、昆石同被誉为“中国四大名石”，灵璧石居首位。灵璧石“瘦、透、漏、皱、丑、奇、清、坚、响”，神行俱备，璀璨瑰丽，奇绝天下，乃华夏瑰宝。“灵璧一石天下奇，声如青铜色如玉”是对灵璧石最好的阐述。

灵璧石自古便受到帝王将相、文人雅士的青睐，拥有 3000 多年的开采和观赏历史。历史上，灵璧石曾有三次较大规模的采掘，唐宋和明清为其鼎盛时期。北宋时期，灵璧石被列为朝廷贡品，据《灵璧县志》记载：“灵璧石，发于宋，竭于宋”，可见宋代灵璧石需求量之大。明朝开国皇帝朱元璋酷爱灵璧石，曾凿之为器随身携带。清朝乾隆皇帝御封灵璧石为“天下第一石”。据说，我国第一颗人造卫星上天时播放的《东方红》乐曲，就是灵璧石所制作的乐器演奏。

21 世纪以来，灵璧县加大了灵璧石保护利用工作，自 2004 年以来，宿州市每隔两年召开一次“中国宿州·灵璧石国际文化节”，灵璧石文化产业迅猛发展，境内建设了众多灵璧石展览馆、灵璧石文化交流中心，以赏石为主题的文化旅游业发展迅速。灵璧县和宿州市先后被国土资源部、中国观赏石协会授予“中国观赏石之乡”、“中国观赏石之城”称号。

为规范灵璧石产业化发展，灵璧县积极开展灵璧石标准化建设工作。2009 年 1 月，灵璧县人民政府启动灵璧石地理标志产品申报工作，9 月 23 日，安徽省质量技术监督局组织召开灵璧石地方标准审定会，10 月 21 日，《地理标志产品灵璧石》（DB34/1039—2009）批准并发布实施。2010 年 7 月，国家质量监督检验检疫总局在北京举行“灵璧石地理标志产品保护”专家审查会，9 月 30 日，批准为“中华人民共和国地理标志产品”，公告号：2010 年第 111 号，至此灵璧石标准化建设取得圆满成功[图 2-3（a）]。

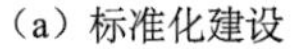
（a）标准化建设

（b）省级地质公园建设

图 2-3 磬云山建设

为保护和综合利用灵璧县地质遗迹资源，灵璧县积极开展磬云山地质公园建设工作。2008 年，灵璧县人民政府成立磬云山地质公园（省级）申报工作领导小组，积极开展磬云山地质公园的建设工作，对园区内的地质遗迹资源进行综合考察，整治了园区及周边环境，重点开展核心景区——磬云山园区地质遗迹保护工作。2011 年 11 月，安徽省国土资源厅批准灵璧磬云山为省级地质公园，历经两年地质公园建设，2013 年 7 月 26 日，安徽省国土资源厅正式授予灵璧磬云山省级地质公园称号，并举行揭碑开园仪式，标志着灵璧磬云山圆满完成了省级地质公园建设任务[图 2-3（b）]。随后灵璧县启动了国家地质公园申报工作，2013 年 12 月，在北京举行的全国第七批国家地质公园评审中，安徽灵璧磬云山顺利通过国家地质公园专家委员会资格评审，成功取得国家级地质公园资格。2017 年 11 月，磬云山国家地质公园建设通过安徽省国土资源厅初验。2018 年 3 月，磬云山国家地质公园建设通过国土资源部验收。

第四节　奇 石 文 化

灵璧石承载着数千年的历史文化积淀，古今文人雅士、帝王将相都将灵璧石视若至宝，形成了独特的灵璧奇石文化。

一、唐代奇石文化初步发展

灵璧石因产在安徽省灵璧县而得名，早在《尚书·禹贡》中就有“泗滨浮磬”的记载。唐代以前的文人墨客、达官显贵在文献中对灵璧石提及甚少，但作为一种石文化现象，随着社会的发展而形成和发展。春秋时代《阕子》里曾记述了“宋之愚人”因收藏奇石而遭人嘲笑的故事。战国时期，齐国的孟尝君根据《构橼篇》中“泗水之滨多美石”的记载，遣使者“以币求之”，分给“诸庙以为磬”，其中泗滨美石即为灵璧石。秦汉直至南北朝时期，有关赏石的记载多限于皇家宫苑和贵族园林。被后人尊奉为赏石祖师陶渊明醉卧的“醒石”，也并没有指明是哪一石种。所以说，灵璧石同其他奇石一样，在唐代以前，人们对它的认识还比较模糊。

唐代社会安定，文化繁荣，文人骚客，诗酒风流，他们将奇石引向民间，引进书房客厅。灵璧石坚贞铿介，峰峦洞壑，岩釉奇巧，清润奇秀，色彩艳丽，很容易引起他们的共鸣与喜好。一些著名诗人如白居易、刘禹锡、杜牧等都是灵璧奇石爱好者。白居易在今宿州毓村东林草堂居住，常徜徉于灵璧山水之间，将奇形怪状的灵璧石置于中庭，支琴贮酒，傲啸觞咏，白居易还在总结玩石经验的基础上，提出了著名的“爱石十德”，比较全面地概括了玩石的文化意趣，为赏石理论的发展奠定了基础。

二、宋代奇石文化繁荣兴盛

灵璧石文化在安定的唐代开始有了初步的发展，进入宋代，灵璧石文化迎来了繁荣期。开“痴迷型”赏石风气之先河的则是南唐后主李煜。李煜祖籍徐州，继承父志，置砚务官开发灵璧研山和皖南歙砚。是时，李煜藏一方研山奇石，为稀世之宝。据《灵璧石考》记载，“研山奇石径逾尺，共36峰，各有其名，峰洞相连，错落有致，下洞三折而通上洞，中有龙池，滴水少许于池内，经久不燥。”后这方研山奇石几易其主，成为藏石史上的一段佳话。

到了宋代元祐元年（1086 年），析虹县之零壁镇置零壁县，政和七年改零壁为灵璧，至此灵璧石有了真正的名字。宋代出现了苏轼、米芾这两位中国赏石史上最富传奇色彩的艺术家。苏轼任徐州太守期间，酷爱灵璧石，曾数次到灵璧县觅石。宋人张邦基《墨庄漫云录》云，“灵璧张氏兰皋园一石甚奇，所谓‘小蓬莱’也。苏子瞻甚爱之……”著名游记《灵璧张氏园亭记》多处提及灵璧石，苏轼爱灵璧石可见一斑。苏轼赏石、玩石和他的性格一样豁达、磊落，为了换取一方“麋鹿宛颈石”，他泼墨作《丑石风竹图》贻之主人。米芾是北宋著名的书画家，他将自己的书画创作理论用于品石，提出了“皱、瘦、漏、透”赏石四原则，为赏石理论奠定了基础，至今仍为评价奇石的基本原则。米芾不仅留有多首“研山铭”，收有多方砚山，而且收藏灵璧石甚丰，有的流传至今。宋朝最大的灵璧石玩家是宋徽宗，他建寿山艮岳，将灵璧石列为强征之首而大量征调，至今开封大相国寺、龙亭公园等名胜古迹，尚有灵璧遗石。在奇石文化昌盛的宋代，出现了杜绾《云林石谱》这样经典性的赏石专著，汇载石品一百一十六种，灵璧石被列为第一品，奠定了“天下第一名石”的基础。由于帝王及士大夫的喜爱，宋代时期，灵璧石誉满天下。

三、明清代奇石文化集大成

灵璧奇石经历了唐朝的发展，宋朝的繁荣，在明清时期，我国灵璧奇石文化到达了集大成的时期，品石专著层出不穷，赏石理论更加完善。

明洪武初年，皇室取灵璧石做磬，赐予各府文庙，其色灰白，其声清越。现孔府演奏圣乐的石磬可能是此时的故物。明万历年间紫禁城御花园使用了大量的灵璧石，而且都置放在最佳的视觉处。同时置放的其他地方石种，经过几百年风雨侵蚀已凋不堪，而灵璧石仍质地完好，叩之有声，令人惊叹不已。

清代，灵璧石的玩赏居于诸石之上。清初历史学家谷应泰《博物要览》中说“灵璧石为诸石之长，有极大者可饰园林，有极小者可为文房砚山。”《清稗类钞》记，“皖之灵璧产石，色黑黝如墨，扣之泠然有声，可作乐器。或雕琢双鱼状，悬以紫檀架。置案头，足以端砚、唐碑共同清玩。”清朝玩赏灵璧石不得不提乾隆皇帝。乾隆酷爱赏灵璧石，下江南期间，不仅题写了“天下第一名石”，还把江南不少名石运到北京。故宫御花园、宁寿宫、景福宫、倦勤斋、遂初堂、颐和轩、三友轩、竹香馆等有 20 余块灵璧石，多为横峰式，仿佛连绵山峦，有孔有洞，沟壑纵横，颜色以灰色为基调，或深灰或青，现在还有实物遗存。

蒲松龄是清朝伟大的文学家，也是灵璧石鉴赏家。在蒲松龄故居现藏三块奇石，一名为“海岳石”的灵璧石，被列为国家珍贵文物。蒲松龄著的《石谱》专门论述灵璧石，“灵璧石扣之声清，刀刮不动，能收香，斋中有之香烟终日不散。色黑如漆，纹细如白玉，不起峰。佳者如卧牛、菡萏、蟠螭”，这已基本接近现代鉴赏灵璧石“行、质、声、色、纹”的五字要义。他在《聊斋杂记》中记述了清洗整理灵璧石的方法，这种方法也和现在清洗灵璧石的方法接近，他还在他的不朽名著《聊斋志异》中入木三分地刻画了邢云飞的石痴形象，令人叫绝。

明清时期，赏石理论趋于完善。曹昭《格古要论》对灵璧石作了中肯的评论。《素园石谱》《灵璧石考》等都对灵璧石给予极高的评价。“扬州八怪”之一的郑板桥，在宋人“瘦、透、皱、漏”赏石四原则的基础上，进一步提出了“丑而雄，丑而秀”，方臻佳品；丑到极处，便是美到极处的“丑石观”。

四、近、现代奇石文化复苏

到了近现代，灵璧奇石文化曾一度中落。20 世纪 80 年代末，改革开放的春风吹绿中华大地，一度没落的灵璧石又重新复苏。90 年代，中国宝石协会在北京召开了观赏石筹备委员会，之后各地协会纷纷成立；国家园林部门也以奇石为重点举办奇石展，灵璧石成为各地石馆必备藏品。

近年来，新一轮的灵璧石热继唐宋和明清之后再度掀起（马艳平等，2009）。随着灵璧奇石文化的复苏，大量民间资本涌入灵璧石市场，众多民间奇石爱好者、收藏家、投资商纷纷在灵璧石主产地渔沟镇兴建奇石园林，集收藏、展示、销售等功能为一体，在建筑上具园林风格，庭院精致。较大规模的有灵璧石汇展中心、天一园、灵璧石国际交易中心、奇石文化园等。另外，渔沟镇还有“奇石一条街”，商铺林立，店面虽然不大，但不乏灵璧石精品。灵璧奇石园林和商业街已成为奇石爱好者经常光顾的地方，也为灵璧增添了奇石文化气息。

近现代，各种灵璧石专著相继出版。1996 年《中国石玩石谱》列举灵璧石 28 大类 198 品石。2000 年，中国第一部灵璧石专著《中国灵璧奇石》出版。2002 年，《中国灵璧石画册》、《中国灵璧石谱》相继出版。赏石专著的不断问世，说明了灵璧石文化发展到了一个新的水平，标志着灵璧石文化的中兴。同时，为繁荣灵璧奇石文化，灵璧县举办多期“中国灵璧石文化节”。

第三章　磬云山地学背景

磬云山所在的皖北地区大地构造位置属华北板块的东南缘。构造线为北东向或北北东向。区域内发育的地层主要为上元古界震旦系、下古生界寒武系和奥陶系、上古生界石炭系和二叠系、中生界侏罗系及白垩系、新生界古近系及第四系，其中上元古界震旦系地层发育贾园组、赵圩组等地层单元，且具有不同的岩石、矿物及地球化学特征。

第一节　地 质 背 景

一、区域地质概况

在大地构造上，磬云山位于华北板块南缘淮北拗陷带，东临郯庐断裂，构造格局主要受控于印支期扬子板块与华北板块之间的挤压作用以及燕山期太平洋板块与欧亚板块之间的北西向挤压作用（陈松等，2011a）。地层区划上属于华北地层大区晋冀鲁豫地层分区徐州—宿县地层小区，区域出露地层主要为上元古界震旦系地层，整体山脉走向与构造线一致，为北东或北北东向，局部有岩浆岩出露。

1. 地层

从区域上看，皖北地区除古生界志留系、泥盆系和中生界三叠系地层缺失外，其余各地史时期地层发育完整，自下往上主要为上元古界震旦系、下古生界寒武系和奥陶系、上古生界石炭系和二叠系、中生界侏罗系及白垩系、新生界古近系及第四系。在研究区，其中上元古界震旦系从老至新依次为贾园组、赵圩组、倪园组、九顶山组、张渠组、魏集组、史家组、望山组、金山寨组等9个岩石地层单元，沉积时代距今10亿～8亿年之间；中生界地层包括侏罗系泗县组、白垩系青山组和王氏组；新生界地层有古近系官庄组以及第四系。区域地层简表见表3-1，磬云山大地构造位置和区域地质图见图3-1。

由于灵璧石主要产于新元古代（上元古界）地层中，这里仅对区域内新元古代地层作系统描述。

（1）贾园组（Pt_3jy）

本组正层型为江苏省邳州市占城乡贾园村剖面，安徽省内次层型为濉溪县蛮山剖面。在研究区内黑风岭、解集、土山等地发育，厚304.55m，未见底。按岩性可分为上、下两段。

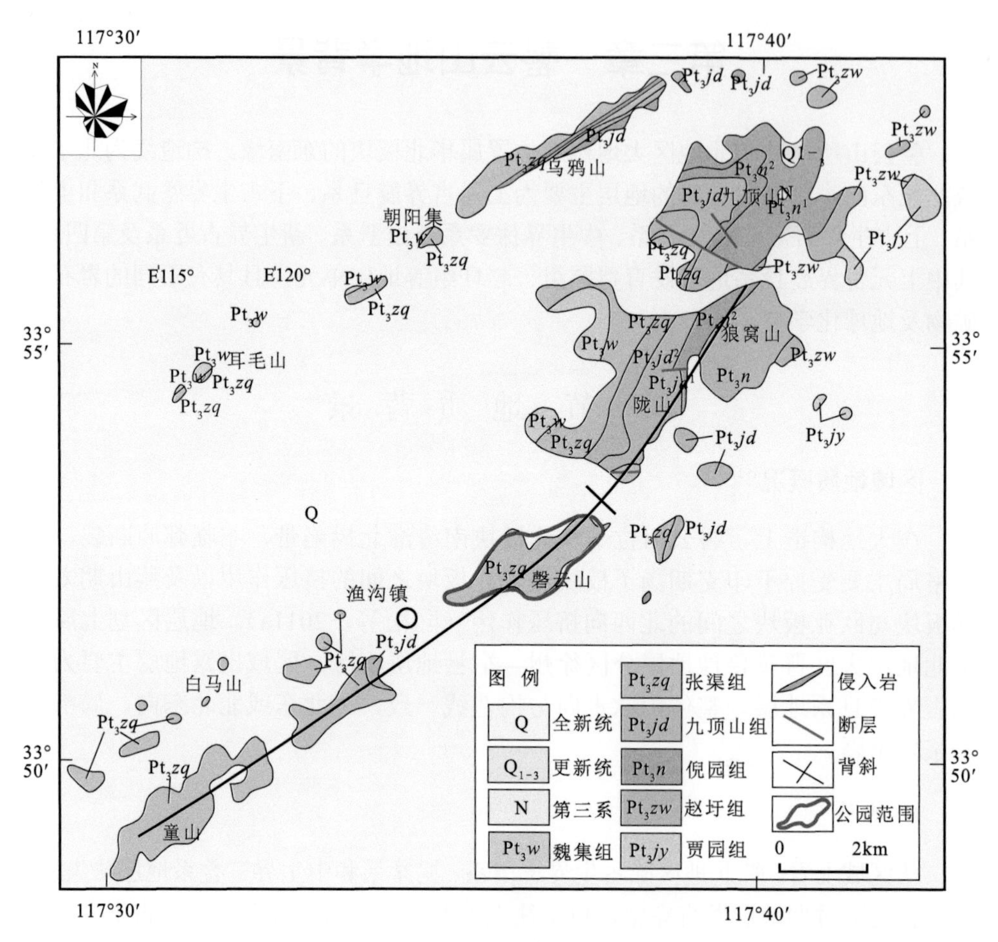

图3-1　大地构造位置和区域地质简图

图片来源：宿州学院 制

下段（Pt_3jy^1）：青灰色、灰绿色粉砂质灰岩及钙质石英细砂岩、风化灰黄色中厚层含粉砂质泥灰岩，局部有微细层理，厚47.01m。岩石中普遍含砂质，层面构造发育，如雨痕、波痕等，沉积环境为潮间带，水动力条件较弱；上段（Pt_3jy^2）：青灰色、风化面为土黄色薄至中厚层砂质灰岩，夹含叠层石灰岩透镜体，局部显微细层理及球状风化外貌，厚257.54m。在黑风岭一带为钙质、电气石石英粉砂质及白云质灰岩。

表 3-1　区域地层简表

界	系	统	岩石地层	厚度/m	主要岩性
新生界	第四系	全新统		0～33	黏土、砂、淤泥、底部为砾石层
		更新统		0～100	砂质黏土、砂
	古近系			10～20	砂质泥岩、粉砂岩
			官庄组	>323.5	浅灰色砾岩、砂砾岩、砂岩、砂质页岩夹少量泥岩
中生界	白垩系	上统	王氏组	800	中、粗粒砂岩、细砂岩、下部砾岩
		下统	青山组	600	安山岩、安山岩夹凝灰质粉砂岩、钙质泥岩、粉砂岩夹泥灰岩
	侏罗系	上统	泗县组	500	细砂岩、粉砂岩、砾岩，夹有煤线
古生界	二叠系	上统	上石盒子组	>600	中细砂岩、粉砂岩为主，夹薄煤层
		下统	下石盒子组	245～325	中细砂岩、粉砂岩为主，夹鲕状泥灰岩及薄煤层
			山西组	102～167	主要含煤地层
	石炭系	上统	太原组	120～160	薄层灰岩 10～14 层，夹煤线
	奥陶系	中、下统	马家沟组	>500	白云质灰岩，溶洞发育
	寒武系	下统	猴家山组	675～985	中厚层微晶灰岩
上元古界	震旦系	上统	金山寨组	>78	砖红色铁质含砂灰岩、黄绿及紫红色粉砂质页岩、灰红燧石质砾岩
			望山组	473	白云质灰岩与钙质页岩互层、泥质条带灰岩、白云岩
			史家组	402	页岩、含海绿石砂岩夹灰岩、白云质灰岩、底部为黏土
			魏集组	319.21	薄层灰岩、厚层白云岩、灰岩富含叠层石
			张渠组	378	薄层灰岩夹泥灰岩、顶部为厚层白云岩
			九顶山组	370	灰色块状灰岩、白云岩，夹少量泥灰岩，燧石条带灰岩、白云岩
		下统	倪园组	37	含燧石结核灰质白云岩、白云质灰岩、泥质白云岩、泥岩
			赵圩组	343	泥质条带灰岩、灰岩、白云岩、产叠层石
			贾园组	304.55	砂质灰岩夹灰岩、泥质灰岩、含粉砂质泥灰岩
			四十里长山组	不明	石英岩、粉砂岩、钙质石英砂岩
		下伏地层不明			

本组地层中富产叠层石和微古植物化石，岩性稳定，与下伏四十里长山组和上覆赵圩组均为整合接触关系。灰岩中含砂质为其显著特点，与其他地层区别明显。

孙林华等（2010b）曾对贾园组混积岩进行了地球化学研究，结果表明：该套混积岩主要由不同比例（1:1.5～1:9）的碳酸盐和陆源碎屑组分混合而成，属于“相缘渐变沉积组合”，其元素含量与碳酸盐组分和陆源碎屑组分比例密切相关，但 La、Th、Zr 及 Sc 等元素之间的比值主要受控于陆源碎屑而相对稳定，可以用于识别碎屑物源区及其构造背景（Sun et al.，2010）。

（2）赵圩组（Pt_3zw）

本组正层型在江苏省铜山县伊庄乡赵圩村，安徽省内次层型为宿州解集青铜山剖面。在研究区较为发育，厚 343m，岩性可分为上、下两段。

下段（Pt_3zw^1）：灰色厚层灰岩夹白云岩或其透镜体，灰色中厚层灰岩与白云岩互层；局部发育丘状叠层石礁；底部臼齿构造发育，厚 104.09m；上段（Pt_3zw^2）：灰、青灰夹黄、灰紫色条带薄—中厚层泥质泥晶灰岩，间夹绿色钙质页岩，灰岩中层理发育，厚 238.62m。

本组岩性以灰岩为主，夹少量白云岩、钙质页岩及泥灰岩，具微层理、波痕、干裂及冲刷充填构造，潮间带沉积相特征明显。地层中富产叠层石和微古植物化石，岩性全区较为稳定，与下伏贾园及上覆倪园组呈整合接触。

（3）倪园组（Pt_3n）

本组正层型在江苏省徐州市铜山区种羊场倪园庄，安徽省内次层型为宿州解集青铜山剖面。在本研究区青铜山、九顶山、狼窝山等地出露，多组成背、向斜翼部。宿州解集一带厚 373m，灵璧县狼窝山一带厚度最大，达 552m。该组以具微细层理构造为主要特征，按泥质成分和风化外貌又分为上、下两段。

下段（Pt_3n^1）：灰色薄—中厚层含燧石结核灰岩、藻灰结核灰岩、白云质灰岩和灰质白云岩，夹砾屑灰岩、多层竹叶状灰岩和白云岩透镜体。本段下部是泥质条带灰岩。岩层中微细水平层理极其发育，局部还有波状层理和文象花纹；上段（Pt_3n^2）：灰色薄—中厚层泥质白云岩及粉砂质白云岩，含燧石条带及结核，局部含硅化细晶灰岩团块，微细水平层理发育，厚 93m。上、下段微细层理发育，见有干裂、雨痕、冲刷等层面构造，体现潮间氧化环境的潟湖沉积特征。可见礁体，产叠层石。研究区内，岩性稳定，与下伏赵圩组和上覆九顶山组呈整合接触。岩性在淮北地区稳定，延伸至淮南地区白云质增高。其鉴别特征是，本组地层底部发育泥质条带灰岩夹竹叶状同生砾屑灰岩，与下伏赵圩组分界；顶以九顶山组灰岩夹竹叶状同生砾屑灰岩出现为界。

区域地质调查发现，在皖北新元古代倪园组地层中发育硅质岩，其主要成分为方解石（90%）和石英（10%），呈白色团块状，断续分布于灰质白云岩和灰岩互层的寄主岩石中。在地球化学特征上，以较高的 CaO 和 SiO_2 为特征，分别达到 85.34%和 13.61%，稀土总量较低但轻重稀土分异明显，具有明显的 Eu、较弱的 Ce 正异常以及较高的 Tb/Yb 值和较低的 Th/Sc 值，Ba、(Cu+Pb+Zn)含量较高，且 Al/(Al+Fe+Mn)值很低，是海底热液和海水混合作用的产物（孙林华等，2010a）。

（4）九顶山组（Pt_3jd）

本组正层型为灵璧县九顶乡陇山剖面，厚 370m，依据岩性特征分上、下两段。

下段（Pt_3jd^1）：为灰—深灰色块状灰岩、灰白色块状白云岩和叠层石礁灰岩，夹少量泥质灰岩，底部夹竹叶状灰岩，厚 269m。臼齿构造在本段普遍发育；上段（Pt_3jd^2）：为灰色中厚层含燧石条带白云岩与中—厚层灰岩互层，厚 101m。

本组主体岩性为灰色厚层块状灰岩夹白云岩，体现潮间带台地相沉积，蒸发环境明显。产叠层石和微古植物化石，与下伏倪园组和上覆张渠组均为整合接触关系。底以砾屑灰岩为标志与倪园组区分，顶以叠层石灰岩为标志与张渠组砾屑灰岩、微晶灰岩分界。

陈松等（2011b）系统采集了皖北新元古代九顶山组灰岩样品并进行了稀土地球化学分析，研究了灰岩中稀土元素的来源，并对海水的稀土配分模式进行了反演。结果表明：灰岩中稀土元素主要受控于古海洋，基本不受陆源物质的影响；灰岩中稀土含量较低，平均为 8.54×10^{-6}，轻稀土分异明显，为正常浅海沉积；海水稀土配分模式与灰岩相似，为重稀土亏损，灰岩和海水的 Y/Ho、Y/Dy 值呈正相关；海水具有较高的 Y/Ho 比、Ce 负异常，且海水的 δEu_{NZSC} 值小于 1，表明了皖北新元古代海水与现代海水的稀土元素特征基本相似。

（5）张渠组（Pt_3zq）

该组正层型位于灵璧县九顶乡张渠村，厚 378m。按岩性特征分为上、下两段。

下段（Pt_3zq^1）：为灰色薄—中厚层微晶灰岩夹紫红色钙质页岩及泥质灰岩，底部有 10cm 厚的竹叶状灰岩，局部发育臼齿构造，厚 281m；上段（Pt_3zq^2）：为灰色厚层结晶白云岩，厚 97m。在灵璧磬云山一带，底部薄层灰岩极其发育。全组整体特点是自下而上，单层厚度加大，页岩夹层减少，白云质含量增高，上部白云岩较纯。

本组地层仅出露于安徽淮北地区（淮南地区缺失），全区岩性稳定，其厚度往西变薄，宿州夹沟一带厚仅 135m。产叠层石，下与九顶山组、顶与魏集组呈整合接触。其鉴别特征为底部发育的砾屑灰岩，与九顶山组厚层灰岩分界；顶部发育厚层白云岩与魏集组薄层灰岩相区分。

震旦系张渠组是磬石的主产层位。马艳平等（2011）研究认为，磬石是一种微晶灰岩，以其色黑致密且敲击能发出青铜质的声音，而成为观赏名石和制作敲打乐器。磬石主要矿物组成为微晶方解石，晶体自形程度较好，粒度均小于 10μm，紧密镶嵌排列，富含有机质。在元素地球化学特征上，磬石 CaO 含量高， MgO、SiO_2、Fe_2O_3、Al_2O_3 含量低，稀土元素含量低，富集 Sr、Cu、Mn、Ba 等元素。通过与该套震旦系地层中产出的其他微晶灰岩对比研究表明，磬石的矿物组成单一，颗粒大小均匀，颗粒排列紧密，颗粒间孔洞小且少，含有较高的有机质等特征，是其敲击能发出青铜质声音的主要原因。磬石的形成与震旦纪时全球高的 CO_2 浓度以及该区多发的地质事件有关，是震旦纪海水过饱和 $CaCO_3$ 的沉积环境与该区复杂的地质事件联合作用的结果。

（6）魏集组（Pt_3w）

本组正层型在江苏省铜山县魏集，安徽省内次层型为灵璧县殷家寨剖面。分布于本研究区的宿州黑峰岭东坡，灵璧县张渠、丁公山，殷家寨一带，厚 319.21m。按照岩性特征分为上、中、下段。

下段（Pt_3w^1）：为青灰色薄—中厚层灰岩夹黄绿色、紫红色钙质页岩及泥灰岩，底部夹透镜状白云岩，厚 157.74m；中段（Pt_3w^2）：为深灰色中厚层沥青质白云岩，厚 50.83m；上段（Pt_3w^3）：为青灰、紫红色厚层富叠层石灰岩，厚 110.64m。

全区岩性和厚度较稳定，富产叠层石和微古植物化石。与下伏张渠组和上覆史家组均为整合接触关系。底与张渠组灰色中厚层细-微晶灰岩分界，顶与史家组杂色页岩区分。

（7）史家组（Pt_3s）

在研究区内，尚未发现本组地层的完整剖面，故以宿州解集乡黑风岭和史家村两个剖面组成复合层型，下部采用黑风岭剖面，上部采用史家村剖面，厚 402m。上下两剖面以一层灰白色石英砂岩作为拼接标志。按照岩性特点分为上、下两段。

下段（Pt_3s^1）：为棕黄色中厚－厚层条带状白云质灰岩、泥灰岩夹钙质页岩及灰岩透镜体，往上以黄绿色页岩为主，夹粉砂岩及灰岩透镜体，并含褐铁矿结核；上段（Pt_3s^2）：为黄绿、紫红色页岩夹少量含海绿石石英砂岩、粉砂岩和泥质灰岩，含钙质或铁质结核，以灰白色中厚层石英砂岩为标志与下部分界。

本组地层仅在贾汪—徐州—宿州一线以东沉积，岩性稳定。向北到魏集、贾汪一带因遭受后期剥蚀，厚度减小到 23～55m。地层中产叠层石和微古植物、疑源类、环节动物化石等，与下伏魏集组及上覆望山组呈整合接触。

Sun 等（2012）对皖北地区新元古代史家组砂岩地球化学特征进行了研究，计算了蚀变化学指标值（CIA）、化学风化指数（CIW）、成分变异指数（ICV）等参数，对史家组砂岩中的氧化物和微量元素来源、古风化强度等进行了推断，研究成果对于揭示皖北乃至华北大地构造演化具有重要意义。

（8）望山组（Pt_3w）

本组地层尚未见完整剖面，故以宿州解集乡史家组剖面和宿州褚兰乡黑土窝剖面组成复合层型剖面，厚 473m。按照岩性可分为上、中、下段。

下段（Pt_3w^1）：为灰色薄层灰岩与黄绿色钙质页岩互层，风化地貌呈肋骨状，具水平、波状层理和不对称波痕，产微古植物化石。底部为中厚层条带状泥质灰岩；中段（Pt_3w^2）：为灰色中薄—中厚层白云质灰岩夹叠层石礁灰岩、砾屑灰岩透镜体，部分具泥质条带，局部发育微细水平层理和龟裂纹构造，厚 182m；上段（Pt_3w^3）：为薄—中厚层泥晶灰岩、白云质灰岩及灰质白云岩，夹薄层泥质泥晶灰岩、泥质白云岩、叠层石礁灰岩和砾屑灰岩，含碎石、硅质、砂质结核和条带，波状层理发育，常见文象花纹，具干裂、鸟眼构造、不对称波痕和畸形方解石细脉，产叠层石，厚 94m。

本组自下而上泥质成分递减，灰质、白云质、硅质成分逐渐增高，岩性厚度变化不大。与下伏史家组整合接触，上与金山寨组为平行不整合接触关系。大致在陇海线以南、津浦线以东有沉积，宿州栏杆厚度最大，达 473m。

为研究皖北新元古界望山组灰岩地球化学特征及地质背景，陈松等（2012）对该组灰岩进行了系统的岩石学和微量元素地球化学测试。研究结果表明：望山组灰岩中，元素 U、Pb、Sr、Sm 富集，Nb、Pr、Zr、Hf 明显亏损；稀土总量偏低（6.68～42.78μg/g），轻稀土略亏损，Nd_{SN}/Yb_{SN} 值在 0.69～0.91 之间变化，轻重稀土分异微弱，灰岩样品均具有程度不同的 La 和 Y 正异常。U、Th、Ce 等元素特征反映了研究区望山组形成于缺氧的水体环境，Sr/Ba、Sr/Cu 值反映了望山组灰岩形成于盐度较大的海水环境和干旱的气候条件；La-Th-Sc 和 Th-Sc-Zr/10 指示望山组灰岩可能形成于大陆岛弧环境。

（9）金山寨组（Pt_3j）

本组正层型为宿州栏杆乡金山寨剖面，副层型为宿州褚兰乡沟后驴山剖面。厚度大于 78m。根据底部海绿石 K-Ar 测年值（647Ma），暂将本组的时代划归新元古代晚期。但从层序地层、沉积特征、接触关系和地层对比上看，将其置于早寒武世更为合适。故本组时代归属有争议，有待进一步探讨。按照岩性可分为上、中、下段。

下段（Pt_3j^1）：灰及灰黑色页岩、粉砂质页岩，夹薄层细粒石英砂岩，底部有 20cm 厚的杂砾岩，砾石成分主要为燧石、泥灰岩，磨圆度较好，磷铁砂质胶结，厚 3m，产软体后生动物、疑源类及微古植物化石；中段（Pt_3j^2）：灰及灰黄色厚层泥晶灰岩，夹叠层石透镜体，顶部为中厚层灰岩及黄绿色页岩互层，厚 19.6m，产叠层石和藻类；上段（Pt_3j^3）：灰及黄绿色页岩、粉砂质页岩，夹灰色薄层中粗粒石英砂岩和褐铁矿透镜体，底部夹泥质灰岩透镜体，厚 43.9m，产疑源类及微古植物化石。

本组地层在宿州褚兰乡、栏杆乡及其以东有沉积，砂岩具冲刷层理、干裂及不对称波痕，属潮坪相沉积。下与望山组、上与猴家山组呈平行不整合接触关系。

底以望山组泥质泥晶白云岩分界，顶与猴家山组紫红色含石盐假晶钙质页岩、杂砾岩为界。

Sun 等（2012）对皖北新元古代金山寨组地层进行了系统采样，测试了主、微量元素，计算了化学蚀变指数、化学风化指数等参数，定量分析了该组物源、风化强度。结合前人的研究资料，分析了华北大地构造演化与 Rodinia 超大陆的汇聚和延伸之间的联系。

皖北地区完整的上新元古代地层，在金山寨组上面还发育有沟后组，再上面才是下寒武统猴家山组。关于新元古代和寒武纪的界限问题一直悬而未决。陈松等（2013a，2013b）从微量元素特别是稀土元素地球化学角度做了有益的探索。

皖北新元古代沟后组石灰岩稀土元素总量较高（10.66～30.68ppm），轻重稀土分异明显，轻稀土富集，Nd_{SN}/Yb_{SN} 在 1.12～1.46 之间，受陆源碎屑混染影响严重。下寒武统猴家山组石灰岩元素 U、Pb、Sr 富集，Nb、Pr、Zr、Hf 明显亏损；稀土总量偏低（2.19～9.35 ppm），轻稀土略亏损，Nd_{SN}/Yb_{SN} 值在 0.35～1.28 之间变化，轻重稀土分异微弱，石灰岩样品均具有程度不同的 La 正异常、Ce 负异常和 Y 正异常；Mo、V 等元素指示了氧化程度较高的水体环境，Sr/Ba、Sr/Cu 反映了盐度较大的海洋环境和干旱的气候条件。此外，猴家山组灰岩反演海水稀土特征与新元古代海水略有差异，与正常海水稀土组成特征一致。

沟后组和猴家山组石灰岩分别形成于大陆岛弧和大洋岛弧环境。

2. 构造

皖北地区大地构造位置属华北板块的东南缘，也即乔秀夫和高林志（1999）所称的“古郯庐带”的南部，在构造上位于华北板块南部拗陷带（安徽省地质矿产局，1987）。区内新元古代地层保存完整，同时发育少量以辉绿岩为主的侵入体，分别顺层侵入到赵圩组、倪园祖、张渠组和望山组中（孙林华和桂和荣，2010）。

20 世纪 60 年代以来，许多学者对区内新元古代构造演化进行了研究。如郑文武等（2004）利用 Sr、C 同位素对辽南和苏皖北部新元古代地层进行了对比，并对两地新元古代地层层序和形成时限（900～700Ma B.P.）进行了重新认识；刘燕学等（2005）通过 Sr、C 同位素结合地质事件、生物化石和古地磁对古郯庐带新元古代地层进行了进一步的厘定和对比。另有基于碎屑岩定年、辉绿岩侵入体的地球化学研究，进一步阐释皖北新元古代构造演化与格林威尔造山事件的关系（洪天求等，2004；李双应等，2003；潘国强等，2000）。

关于皖北新元古代大地构造演化一直存在争议，主要集中在沉积时限和构造背景两个方面，因而需要进一步探讨。利用地球化学方法对碎屑沉物的物源和构造背景开展研究（Armstrong-Altrin et al.，2004；李双应等，2004；Yan et al.，2002；Cullers，2000），已成为研究构造演化的一种有效手段（Rashid，2005；Taylor and

Mclennan，1985）。孙林华和桂和荣（2011）在对皖北宿州新元古代史家组砂岩地球化学特征分析的基础上，结合前人研究成果，对物源和区域大地构造背景进行了对比探讨，结果表明：淮南刘老碑组页岩相对皖北史家组砂岩具有高（$MgO+Fe_2O_3$）、TiO_2含量和Al_2O_3/SiO_2比值的特征，结合La-Th-Sc和Th-Sc-Zr/10判别，表明两者可能沉积于不同的构造背景，其中前者属于大陆岛弧（也可能是弧后盆地），而后者则形成于相对稳定的被动大陆边缘或板内，从而证实了华北板块东南缘构造背景在新元古代时期经历了从活动到稳定的转变。

磬云山地区东距郯庐断裂带约80 km，南距大别山造山带约300 km。构造线方位与山脉走向一致，为北东向或北北东向。本区曾发生过多次地壳运动，其中以印支—燕山早期的构造运动最为强烈。由此留下了多种多样的构造形迹，这些不同级别、不同形态、不同性质的构造形迹又分别组成了本区不同的褶皱和断裂（图3-2）。

（1）褶皱

磬云山位于华北板块的东南缘，徐宿逆冲推覆构造延展地区东侧，受大地构造运动影响，研究区域内发育了一系列北东向褶皱构造。

时窑背斜：位于研究区域西北部，走向北东，由望山—九顶山地层构成，核部为震旦系九顶山组，翼部由内及外地层渐新，全隐伏，宽约10km。

黑峰岭向斜：位于研究区域西北部，走向北东，由九顶山组—赵圩组构成，核部为震旦系九顶山组，翼部由内及外地层渐老，局部出露，宽约9km，推覆于时窑背斜核部之上，经剥蚀后，黑峰岭形成一孤山，形成典型的飞来峰。

时村背斜：位于研究区域中部，走向北东，上构造层由白垩系构成，隐伏，宽约9km，长约11km；下构造层由望山—九顶山组构成，核部为震旦系九顶山组，翼部由内及外渐新，局部出露。

九顶山向斜：位于研究区域中部，走向北东，由魏集组—贾园组构成，核部为震旦系贾园组，翼部由内及外渐老，区域内局部出露。

渔沟背斜：位于研究区域中部，走向北东，由震旦系张渠组构成，核部为张渠组五段地层，翼部为张渠组1～4段地层。轴向NE60，轴长约12km，两翼倾角平缓。拟建的国家地质公园园区出露该背斜，全长约8km。

杨疃集—娄庄向斜：位于研究区域南部，走向北东，由魏集组—九顶山组构成，核部为震旦系魏集组，翼部由内及外渐老，区内零星出露。

高集复背斜：位于研究区域东南部，走向北东，由张渠组—九顶山组构成，核部为震旦系九顶山组，翼部由内及外渐新，区内局部出露。

沱河集向斜：位于研究区域东南部，走向北东，由白垩系构成，全隐伏，区内无出露。

马丁集向斜：位于研究区域东南部，走向北东，由魏集—九顶山组成，核部为震旦系魏集组，翼部由内及外渐老，在泗县北东方向有出露。

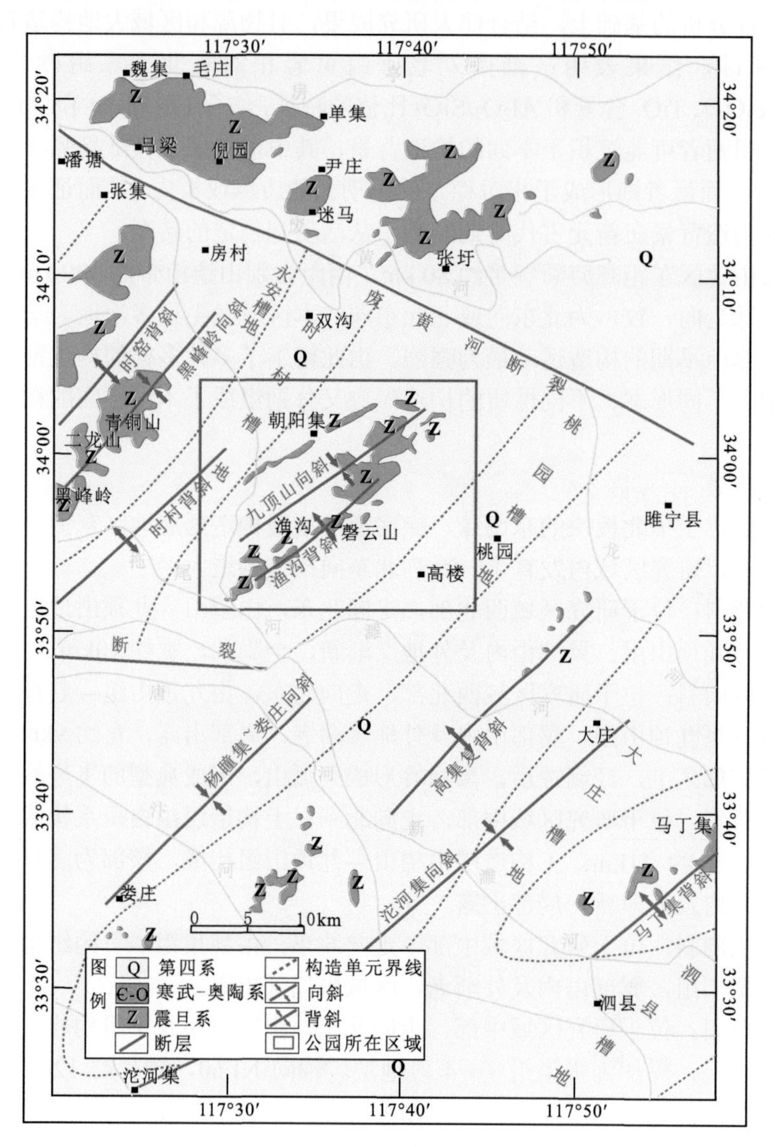

图 3-2 区域构造纲要图

图片来源：宿州学院 制

（2）断裂

研究区域内断裂带发育，主要有东西向、北西向和北东向三组。

符离集断裂：东西向断裂带，属宿北区域性大断裂带。该断裂带自宿州市北部进入境后，分布在尹集—大庙一线，横贯市境北部，长 36km。

废黄河断裂：北西向最主要的断裂是在张集、双沟北侧穿过的废黄河断裂。

此外，北东向断裂带有两条，为区域性断裂带。一条在九顶—长集一线，长74km；一条在大庙—沱河集一线，长56km。另外还有一系列北东向和北西向小断裂构造，多为区域断裂或褶曲派生构造。

区域构造活动强烈，由于褶皱断层发育，在区域上由东向西分布于燕山中晚期形成五个槽地：泗县槽地、大庄槽地、桃园槽地、时村槽地和永安槽地。在张集、栏杆、永安集以西经过永安槽地，往西进入徐宿逆冲推覆构造延展地区，构造线方向北北东，由一系列由东向西推覆的紧闭褶皱、叠瓦式冲断构造和飞来峰构成，方向振荡，构造复杂。

3. *岩浆岩*

区内侵入岩规模较小，出露零星，多以辉绿岩脉产出，少数为岩株或岩床，并且各岩体孤立出现，未发现互相穿插关系。岩浆岩主要出露于宿州乌鸦山、青铜山、黑峰岭、老寨山、馒头山、团山、望山、娄庄等地，为加里东期和燕山期岩浆活动产物，其表面风化强烈，球状风化明显，呈黄褐色，新鲜面灰黑色，岩石呈辉绿结构，块状和杏仁状构造。主要组成矿物为斜长石和辉石，含有少量的石英、角闪石、黑云母和磁铁矿等。锆石 SHRIMP U-Pb 定年结果显示辉绿岩的侵位结晶年龄为 890 Ma。磐云山区域岩浆岩分布情况见表 3-2。

表 3-2　区域岩浆岩分布简表

岩体名称	地理位置	岩性	面积/km^2	产状	备注
娄庄岩体	县城西 14km 娄庄	辉绿岩	12	岩床	加里东期
老寨山岩体	谢集乡望山	辉绿岩	18	岩床	按结构分为两个相带
朝阳集岩体	朝阳集—贯山	辉绿岩	1.5	岩墙	加里东期，顺层侵入
王海子岩体	大庙东北王海子	辉石闪长岩	3	岩株	燕山期
虞姬岩体	虞姬墓	次安山岩	0.15	岩脉	燕山期，出露
馒头山岩脉	灵城北	闪斜煌斑岩	0.20	岩脉	燕山期，出露
姜山子岩脉	浍沟西北五公里	闪斜煌斑岩	0.20	岩脉	燕山期，出露
山后徐岩脉	山后徐西南侧	正长斑岩	0.80	岩脉	燕山期，出露

二、公园地质

1. *地层*

磐云山发育地层主要为上元古界震旦系张渠组，从下至上可进一步细分为五个段，依次为薄层黑色微晶灰岩段、中厚层深灰色、灰白色灰岩夹薄层泥灰岩段、中厚层灰白色臼齿构造石灰岩段、灰白色、灰黄色中薄层石灰岩、泥岩和泥灰岩段、浅灰色中厚层石灰岩段，其中段与段之间界限清晰，横向分布稳定，具体描述如下：

张渠组一段：为薄层黑色微晶灰岩，有机质含量高，污手，局部铁质浸染呈褐红色，夹薄层泥灰岩，为区域磬石主采层位，多用来开采加工工艺品，磬云山一带多发育于山脚，未见底。

张渠组二段：为中厚层深灰色、灰白色灰岩夹薄层泥灰岩，底部为砾屑灰岩或泥灰岩，下部可见叠层石灰岩，中上部发育一层竹叶状灰岩，上部有畸形方解石脉体发育，为地震或风暴作用产物，该层位发育有纹石、珍珠石等观赏灵璧石类型。

张渠组三段：为中厚层灰白色臼齿构造石灰岩，发育形态各异的臼齿构造，常见形态为流线型、同心状、龟甲状、放射状等形态。

张渠组四段：为灰白色、灰黄色中薄层石灰岩、泥岩和泥灰岩，风化后呈粉红色、黄色等较鲜艳颜色。

张渠组五段：为浅灰色中厚层石灰岩，多发育山顶，适宜雕刻，剥蚀较为明显，未见顶。

磬云山国家地质公园地质图见图 3-3 所示。

2. 构造

磬云山位于渔沟背斜内，园区内发育次级背斜构造，背斜中心为张渠组五段，两侧地层由老及新向外推进。区内未发育区域性断层构造，仅崇山西侧发育一系列北东向和东西向的剪切和张性断裂，另外公园内还出现层间小褶曲、断层等典型构造。

3. 水文地质

磬云山地下水类型分为第四系松散岩类孔隙水和碳酸盐岩类岩溶裂隙水两种类型。

（1）第四系松散岩类孔隙水

含水岩组为分布于公园外围平原地带的第四系上更新统冲洪积层，含水层岩性为黏土、砂、淤泥，底部为砾石层，厚度 3～10m，富水性差，含水层底部透水性好，单井涌水量小于 $10m^3/d$，地下水的化学类型为 $HCO_3-Ca\cdot Na$ 型，溶解性总固体含量小于 lg/L。

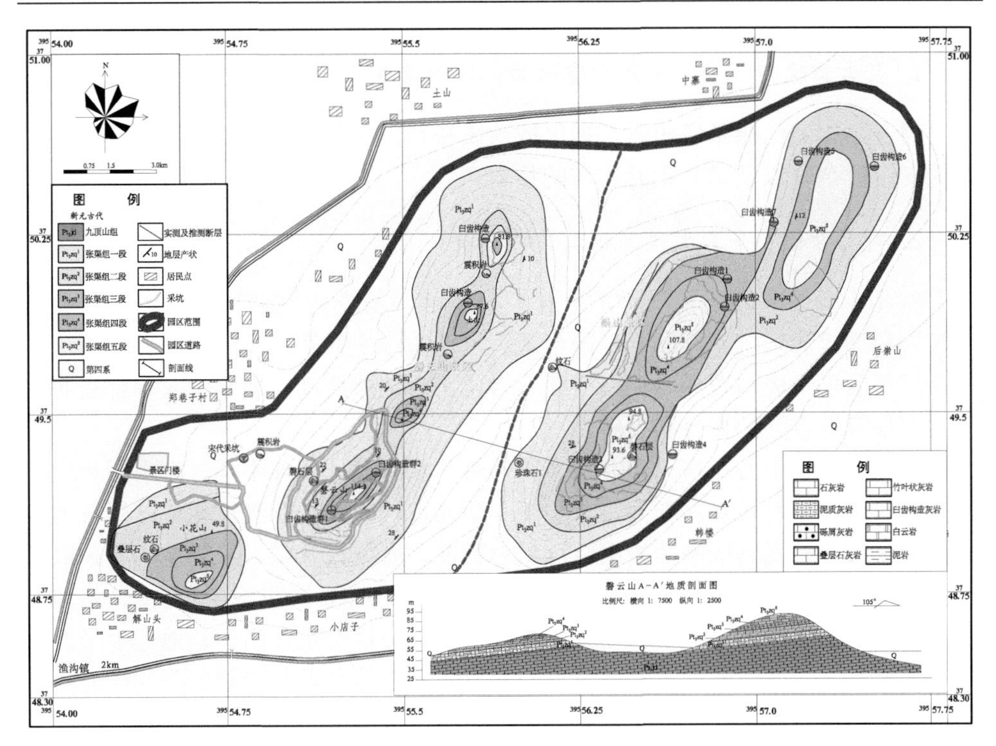

图 3-3　磬云山国家地质公园地质图

图片来源：安徽省地质测绘技术院 制

（2）碳酸盐岩类岩溶裂隙水

含水岩组主要分布于园区丘顶、山麓段，岩性多为上元古界碳酸盐岩，隐伏于公园外围的第四系上更新统之下。富水性较好，部分段碳酸盐岩岩溶较发育，并且发育有北方低矮喀斯特地貌，有的被山坡风化物覆盖形成埋藏型喀斯特。地下水溶解性总固体含量一般为 0.7～1.6g/L，多数小于 1g/L；盐度小于 10mg/L；碱度大部分小于 4mg/L，适宜于灌溉。

磬云山地下水以大气降水补给为主，第四系和裸露基岩均不同程度的接受大气降水补给，基岩地下水径流方向与地形坡向大体一致，松散岩地下水以地面蒸发为主要排泄方式。

第二节　地 质 演 化

磬云山地质发展过程可以简略概括为以下几个阶段：

1. 太古宙晚期—早、中元古宙结晶基底形成期

磬云山未见结晶基底出露，据区域地质资料，区内最古老的基底为太古宙晚期的泰山群杂岩以及早、中元古宙的片岩。

2. 新元古代—早古生代沉积盖层的形成

新元古代由早期山前盆地的磨拉石沉积逐步演变为晚期直至早古生代的碳酸盐岩和细碎屑岩沉积，属于开阔台地、台地边缘生物礁相及浅海陆棚相。这是一个沉积盖层形成与发展时期。在新元古代，古地震活动、岩浆侵入等都表明在该时期孕育着古陆的聚合与裂解。

该期的沉积中心在宿州市北东褚兰一带，水体循环条件不佳，海水咸化程度较高，白云岩相对较多。新元古代早期—新元古代晚期，以潮坪相单陆屑石英砂岩和局限台地相藻礁碳酸盐岩组合沉积为特征，海域较开阔，藻类及礁状、似层状、分叉状叠层石繁盛，后生动物开始出现。新元古代末期，栏杆运动又使淮河台坳大部分发生隆起，海水浓缩在宿县金山寨、沟后一带，由于该地处于平均海平面之上，水体循环条件不佳，氧化、蒸发强烈，盐度增加，形成蒸发台地相沉积，叠层石形态也有较大变化。

3. 晚古生代末—早中生代

从晚古生代开始，大别山—秦岭古大洋在扬子板块的推动下，发生了向华北板块的俯冲。到晚古生代末期—早中生代，华北与扬子两大板块发生了陆—陆俯冲与碰撞，形成大别山—秦岭造山带，华北板块内部发生陆内变形。受这期陆内变形构造的影响，以郯庐断裂为根带，徐宿地区发生了从南东向北西方向的推挤和强烈的盖层拆离滑移运动和推覆，形成了较大规模的向北西方向凸出的弧形构造推覆体，并发育有反向逆冲断层，从而奠定了本区的构造格局。

4. 晚中生代

在强烈的陆—陆碰撞、陆内变形作用发生后，由于挤压应力的逐步释放，形成造山期后由挤压转变为拉伸构造，板块的抬升作用使山前盆地出现红色磨拉石沉积。

从侏罗纪开始，地壳以大陆边缘活动带型构造、大陆型地形、大陆型气候、大陆型生物、大陆型岩浆活动的崭新面貌，进入了地史演化过程的新阶段。其中可分为燕山（侏罗纪至白垩世早期）和喜马拉雅（晚白垩世晚期至第四纪）两个时期。早燕山期，在台褶带的山间或山前沉陷地带，继承性地产生了一些大小不等的内陆坳陷；中燕山期，伴随强烈的断裂活动，产生了大规模的岩浆活动；晚

燕山期，郯庐断裂已有明显的活动，在其内部有一些小型同走向的盆地分布。

5. 新生代

新生代以来，陆地表面抬升与凹陷、沉积与剥蚀、夷平与去均夷化作用等相对立的地质作用不停地进行着。但总的趋势是寻找一个新的均衡态势。区内的新构造运动表明，不均衡的抬升作用与凹陷沉积并存，深部构造，尤以断裂构造还在继续发展。内外动力不断塑造着丘陵、湖泊、河流等现代地貌。

晚燕山运动使地壳发生了颇为强烈的变动，地形高差、地壳升降幅度均显著加大，使喜马拉雅早期接受了一套类磨拉石沉积。早喜马拉雅运动使大陆又一次全面抬升，经受剥蚀，缺失新近系和古近系部分地层，随之地形也更趋准平原化，所以即使有部分古近系地层发育，但其沉积厚度普遍减小。新近系和古近系地壳活动的总趋势是，由南东向北西、由南西向北东方向沉降幅度相对加大，郯庐断裂的切割深度增加，伴生的老嘉山深断裂具有明显的控岩作用。进入第四纪，地壳升降运动比较频繁，随之而引起了地形和气候的较大变化。

在灵璧石原岩形成的新元古代时期，皖北地区所处的华北板块东南缘经历了从海进到海退的完整过程，从岩石特征来看，贾园组沉积时期区域开始伸展并发生海进（约距今 10 亿年），表现为碳酸盐组分逐渐增加，直到九顶山组沉积时期达到最大伸展规模（约距今 9 亿年），随后在张渠组沉积时期（约距今 8.8 亿年）持续了一段时间，并在随后的魏集组沉积时期（约距今 8.6 亿年）开始发生海退并一直延续到史家组沉积时期（约距今 8.4 亿～8.2 亿年），最终出露在海平面之上接受剥蚀。随后，从中生代开始到新生代，印支及燕山运动促使本区发生褶皱成山，在后期雨水及地下水的作用下使碳酸盐岩溶蚀而形成了一系列千姿百态的灵璧石。

第四章　磬云山地质遗迹资源

磬云山新元古代地质遗迹资源类型齐全，包括地质剖面、地质构造、古生物、地貌景观、水体景观和环境地质遗迹景观六大类，其中灵璧石、臼齿构造、震积岩、叠层石、珍珠石等地质遗迹具典型性、稀缺性和观赏价值，可与国内、国际新元古代地层进行对比，对于研究新元古代内外地质作用，恢复前寒武纪地质历史具有重要的科学意义。

第一节　地质遗迹资源类型

一、地质遗迹资源类型分类

根据《地质遗迹保护管理规定》、《国家地质公园建设指南（2016）》、《国家地质公园规划编制技术要求》（国土资发〔2016〕83 号）等规定的地质遗迹划分标准，磬云山国家地质公园地质遗迹类型分为 6 大类，分别为地质（体、层）剖面大类、地质构造大类、古生物大类、地貌景观大类、水体景观大类和环境地质遗迹景观大类，划分情况详见表 4-1。磬云山国家地质公园地质遗迹分布见图 4-1。

表 4-1　磬云山地质遗迹类型划分表

大类	类	亚类	主要景观
地质（体、层）剖面	沉积岩相剖面	典型沉积岩相剖面	臼齿构造
地质构造大类	构造形迹	中小型构造	断层角砾岩、X 形节理
古生物大类	古生物遗迹	古生物活动遗迹	叠层石、珍珠石
地貌景观大类	岩石地貌景观	喀斯特地貌景观	长石阵、羊背石、灵璧石
水体景观大类	泉水景观	冷泉景观	磬泉、磬西泉
环境地质遗迹景观大类	地震遗迹景观	古地震遗迹景观	震积岩
	采矿遗迹景观	采矿遗迹景观	宋代采坑遗址

二、地质遗迹资源特征

1. 地质（体、层）剖面大类

磬云山出露最为典型的沉积构造是臼齿构造，赋存于上元古界震旦系张渠组

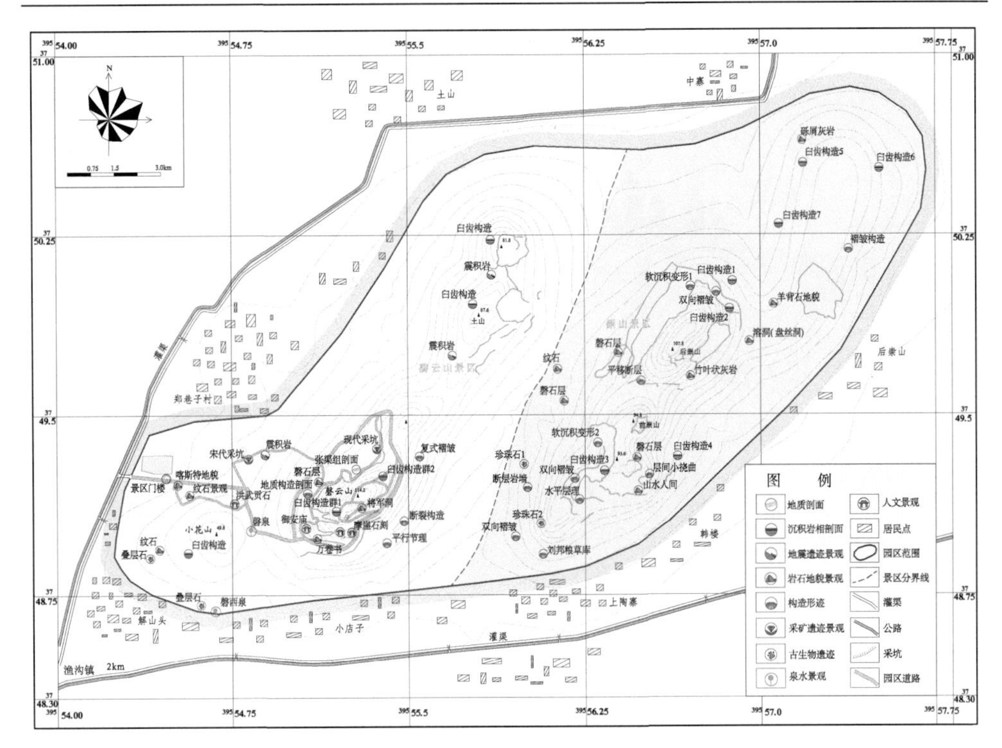

图 4-1 磐云山国家地质公园地质遗迹分布图

图片来源：安徽省地质测绘技术院 制

三段碳酸盐岩中。臼齿构造形成形态复杂多变的微晶方解石脉，在宿主岩石上呈现出各种奇妙的图案，极具观赏价值。微晶方解石脉的颜色呈浅灰色或灰黑色，由纯净等粒、紧密排列的微亮晶方解石组成，粒度为3～10μm。寄主岩石岩性变化较大，有微晶灰岩、含粉砂质的微晶灰岩或粉晶灰岩、含褐铁矿颗粒的微晶灰岩或粉晶灰岩等，呈黑、灰、黄、红、青等多种颜色。

公园内新发现在碳酸盐岩中发育的龟甲状、网状、同心圆状、放射状等形态迥异的臼齿构造，在现有的国内外文献中尚未见报道，其构造意义还没有确切定论，引发大量专家和学者的讨论，极具科学研究价值（图4-2、图4-3）。

2. 地质构造大类

磐云山大地构造位置处于华北板块的东南缘，东侧距郯庐断裂带约 80 km，南距大别山造山带约 300km。构造线方位与山脉走向一致，为北东向或北北东向。区域内曾发生过多次地壳运动，其中以印支—燕山早期的构造运动最为强烈。由此留下了多种多样的构造形迹，这些不同级别、不同形态、不同性质的构造形迹又分别组成了本区不同的褶皱和断裂。

图 4-2　野外出露的臼齿构造

图片来源：桂和荣 摄

（a）龟甲状　（b）同心圆状　（c）网状　（d）圆圈状

（e）放射状　（f）流线状

（g）倾斜裂隙状　（h）垂直裂隙状

图 4-3　磬云山不同形状的臼齿构造

（1）水平层理

由于采石活动，公园内岩层裸露，水平层理清晰可见，如万卷书、现代采坑等地，部分段可见岩层挠曲褶皱现象。这些现象清晰展现了区域岩层沉积环境，形象生动地向游客展现了地质构造现象，具有较高科普价值（图 4-4）。

图 4-4　磬石走廊（水平层理）

图片来源：朱洪 摄

（2）巨型节理

磬云山景区内随处可见清晰的节理构造，特别是“X”形共轭节理发育[图 4-5（a）]。在景区崇山东坡上元古界张渠组地层中发育三条巨型节理交汇带，形成三角棱柱状空间，三角形边长 20 余米，似刀切一般，非常平齐，极为壮观。三组节理交汇形成岩墙[图 4-5（b）]。另外，由于节理交汇造成岩石崩落，形成小型岩洞，后期人为扩大，形成现今“将军洞”等岩洞景观。这些节理构造清晰展现了地质构造现象，具有科普观赏价值。

（a）X形节理

（b）三组交汇巨型节理

图 4-5　节理

图片来源：朱洪　陈松 摄

（3）小型褶皱构造

本区受印支—燕山期构造运动的影响，构造线以 NE 为主，期间产生了大量的褶皱及断层。其中，一些小型的褶皱构造，在几十米的距离内可以观察到典型

（a）褶皱挠曲

（b）宽缓式褶皱

图 4-6　小型褶皱构造

图片来源：朱洪　桂和荣 摄

的岩石变形产生的连续背斜与向斜，或者岩层由于褶皱直立、甚至倒转，形成奇特的地质构造景观（图 4-6），具有科普观赏价值。

（4）典型断层构造

磬云山国家地质公园崇山园区西侧可见断层构造形成的岩墙和以断层角砾岩、重结晶方解石脉为主组成的断层破碎带。断层两盘相对运动，相互挤压，使附近的岩石破碎，形成与断层面大致平行的断层破碎带（图 4-7）。区内断层包括逆冲推覆和平移断层。

（a）断层角砾岩

（b）断层破碎带

图 4-7　断层构造

图片来源：桂和荣 摄

（5）地质剖面

磬云山出露的层型剖面遗迹主要为上元古界震旦系张渠组剖面。闻名遐迩的灵璧石多产于该组岩层中，该组岩性上段为薄—中厚层微晶灰岩夹紫红色钙质页岩及泥质灰岩，下段为灰色厚层结晶白云岩，在渔沟一带，底部发育有薄层灰岩。张渠组剖面所处地层平缓，厚度稳定（图 4-8）。实测剖面图见图 4-9。

图 4-8　张渠组剖面

图片来源：朱洪 摄

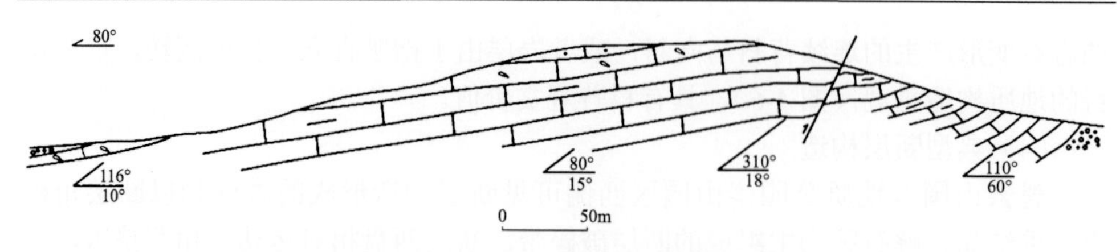

图 4-9 实测张渠组地层剖面图

图片来源：宿州学院 制

张渠组剖面岩性及分层从上至下依次为：

14 第四系松散覆盖；

13 紫红色薄层状泥灰岩 36m；

12 紫红色薄层石灰岩，风化严重，局部可见大型方解石脉 52m；

11 黑色薄层石灰岩，可见断层角砾岩、方解石脉，与上覆地层断层接触，产状明显变化 14m；

10 黑色薄层微晶灰岩，为磬石主要层位 26m；

9 土黄色薄层泥灰岩 39m；

8 浅灰色薄层泥灰岩夹厚层石灰岩 30m；

7 臼齿构造碳酸盐岩夹有中厚层砾屑石灰岩，局部竹叶状灰岩 43m；

6 灰白色厚层臼齿构造碳酸盐岩 25m；

5 浅灰色薄层泥灰岩、砂质灰岩 15m；

4 浅灰色厚层状石灰岩，局部可见竹叶状灰岩 43m；

3 浅灰色薄层泥灰岩夹厚层灰岩互层，或灰岩以夹层形式出现 75m；

2 黄灰色薄层泥灰岩，局部夹有砾屑灰岩 33m；

1 浅灰色厚层臼齿构造碳酸盐岩，臼齿构造发育良好，有灰、白两种，形态各异 52m；

0 第四系松散覆盖。

3. 古生物大类

磬云山国家地质公园古生物遗迹主要表现为叠层石和珍珠石。

（1）叠层石

叠层石是碳酸盐岩中特有的一种微生物沉积构造，是产于寒武纪以前地层中的常见化石，是前寒武纪地层时代对比的理想“候选”角色，在该区赵圩组、九顶山组、魏集组等地层中分布广泛，形态多样，构成了大小规模不等的层状、丘状及复合丘状礁体。

磬云山叠层石大部分可与华北新元古界蓟县层型剖面及辽东辅助层型剖面的青白口系叠层石的组合相对比。华北新元古代蓟县系的叠层石组合代表了其鼎盛时期的面貌，新元古代大冰期之后的华南晚元古代震旦系叠层石组合则是其衰退的写照。灵璧地区新元古代叠层石无论丰度还是多样化程度虽不及前者，但明显高于后者。故本区叠层石组合形成于新元古代大冰期之前的炎热气候环境，层位上处于相当于青白口系上部至震旦系南沱冰碛层之下。因此，本区叠层石对于我国元古宙叠层石演化过程及元古宙地层划分与对比都具有一定的意义，是中国乃至世界叠层石研究的重要组成部分。另外，叠层石以其多姿美丽的形态受人追捧，灵璧石观赏石中的“金钱石”、“龙鳞石”、红蜿螺就是叠层石的代表，其花纹美观、横切面呈同心的似铜钱状，形体大小不一，深受人们的喜爱，具有较高的观赏价值，其中人民大会堂前柱基座所用石材就是灵璧红蜿螺石（图 4-10）。

（a）野外出露叠层石

（b）南京古生物博物馆标本

（c）叠层石礁体

（d）人民大会堂前柱基座

图 4-10　叠层石

图片来源：桂和荣 马艳平 摄

（2）珍珠石

珍珠石是灵璧观赏石的一种，其指在岩石的风化表面带有天然的不规则的类似“珍珠”的球状体及次球状体，或孤立分布，或几个聚集分布，呈层状，单个球体大小在5～25mm之间。寄主岩石为黑色微晶灰岩。这些“珍珠”有的能形成图案；有的饱满圆润；有的相形状物，具有很高的观赏价值（图4-11）。

图4-11　野外出露的珍珠石

图片来源：陈松 摄

珍珠石的形成成因及其地质意义在学术上存在较多争议，中国地质大学梅冥相教授在天津蓟县高于庄组中发现了类似的构造，认为是实体宏观藻类化石。一些文献上认为其为球状臼齿状构造、燧石结核或者钙质结核等。但毫无疑问，珍珠石是一种珍贵的地质遗迹资源。

4. 地貌景观大类

磬云山地貌景观主要为喀斯特地貌。喀斯特（Karst）一词源自前南斯拉夫西北部伊斯特拉半岛碳酸盐岩高原的名称，意为岩石裸露的地方。因近代喀斯特研究发轫于该地，从而该类型地貌称为喀斯特地貌，是指具有溶蚀力的水对可溶性岩石（大多为碳酸盐岩）进行溶蚀作用等所形成的地表和地下形态的总称，又称岩溶地貌。

喀斯特地貌可分出以下几种：①地表水沿灰岩内的节理面或裂隙面等发生溶蚀，形成溶沟（或溶槽），原先成层分布的石灰岩被溶沟分开成石柱、石芽或石笋。②地表水沿灰岩裂缝向下渗流和溶蚀，超过100m深后形成落水洞。③从落水洞下落的地下水到含水层后发生横向流动，形成溶洞。④随地下洞穴的形成地表发生塌陷，塌陷的深度大面积小，称坍陷漏斗，深度小面积大则称陷塘。⑤地下水的溶蚀与塌陷作用长期综合作用，形成坡立谷和天生桥。⑥地面上升，原溶洞和地下河等被抬出地表成干谷和石林。

磬云山属于典型的北方低矮喀斯特地貌类型，主要表现出宏观喀斯特地貌和微观喀斯特地貌特征。

（1）宏观喀斯特地貌

磬云山国家地质公园山体主要为碳酸盐岩，地处古黄河黄泛平原区，由于地下水和地表水的溶蚀改造，喀斯特作用广泛发育，具有典型的北方低矮喀斯特地貌特征，具体表现为干谷、干沟、小型溶洞等，具有较高的观赏价值（图4-12）。

（a）长石阵

（b）石龙脊

（c）羊背石地貌

图4-12　磬云山低矮喀斯特地貌

图片来源：桂和荣 朱洪 摄

（2）微观喀斯特地貌

磬云山国家地质公园又具有典型的微观岩溶地貌景观特征，主要为溶沟、溶坑、溶孔、溶痕、溶隙等。灵璧石通透且表面具有复杂纹路，即是溶孔和溶痕。该区域地质环境背景是形成灵璧石的基础，蕴含着大量科学问题，具有极高的研究价值。

灵璧石是对产于灵璧县地区观赏石的统称，从岩石学的角度来说，灵璧石主要为碳酸盐岩，其类型繁多，种类丰富，有微晶灰岩、臼齿构造碳酸盐岩、叠层石灰岩、白云质灰岩、泥质灰岩、硅质灰岩等，莫氏硬度在2.64～2.84之间，密度值为2.57～2.73g/cm^3（表4-2）。灵璧石为我国“四大名石”之首，具有音韵美、形态美、质地美、色彩美、纹理美和意境美等特点，历来是众多爱石人士追捧的对象，具有极高的美学观赏价值，其成因蕴含着大量科学问题，科学研究价值高。

表4-2　不同类型观赏灵璧石理化指标一览表

理化指标 分类	理化指标/%					
	CaO	MgO	SiO_2	Al_2O_3	Fe_2O_3	烧失量
青黛灵璧石	52.8～54.5	0.29～0.38	0.60～1.90	0.20～0.80	0.25～0.45	42.56～43.56
纹石	53.5～53.8	0.45～0.47	1.70～1.80	0.60～0.70	0.40～0.45	
蜿螺石	51.0～53.0	1.04～1.30	2.60～3.20	0.70～1.50	0.40～0.80	41.33～41.47
五彩灵璧石	53.0～53.5	0.50～0.55	7.00～7.50	0.30～0.40	0.05～0.07	
透花石	42.0～43.0	0.75～0.78	12.0～13.0	4.50～5.00	1.80～2.00	
白灵璧石	53.3～53.5	0.54～0.56	7.10～7.40	0.30～0.35	0.05～0.06	34.96～41.47
红灵璧石	42.0～43.0	0.45～0.47	12.50～13.0	4.50～4.80	1.80～1.90	

根据形态、质地、声音、颜色、纹理等特征，磬云山地区灵璧石可分为青黛灵璧石（磬石）、纹石、珍珠石、五彩灵璧石（彩石）、白灵璧石、透花石（图案石）、红灵璧石、蜿螺石（叠层石）等八种类型（图4-13）。不同类型观赏灵璧石感官特色如下。

①青黛灵璧石（磬石）：颜色青黑，敲击发出清脆声音。

（a）青黛灵璧石（磬石）：形态独特，扣之有声

（b）纹石：纹理图案，魅力撼人

（c）珍珠石：质地坚硬，珍珠如玉

（d）五彩灵璧石（彩石）：五彩奇石，缤纷绚烂

（e）白灵璧石：晶莹剔透，洁白无瑕

（f）透花石（图案石）：人物山峰，栩栩如生

（g）红灵璧石：表里如一，鸿运当头

（h）蜿螺石（叠层石）：层次分明，错落有致

图 4-13　八种观赏类灵璧石形态特征

图片来源：《中国灵璧石大观》，2016

②纹石：颜色青黑，表面有直线、弧线、圈线及金钱、蝴蝶等图案，具一种或多种不规则状纹理。

③蜿螺石（叠层石）：表面呈螺旋状突起，形似螺壳，颜色呈红、黄、灰色等。

④五彩灵璧石（彩石）：石体呈多种颜色，有黄、绛、红、青、白色等。

⑤白灵璧石：石体颜色部分或大部为纯白色，其余部分青、灰色。

⑥透花石（图案石）：石体颜色黑、灰，表面有人物、植物、山川、清溪、汉画等图案，有较强墨韵感。

⑦红灵璧石：石体呈红色。

⑧珍珠石：岩石表面带有天然的不规则的类似“珍珠”的球状体及次球状体，或孤立分布，或几个聚集分布。

白灵璧石是灵璧观赏石中收藏价值较高的一种，它是一种硅质灰岩的结核构造。这种硅质灰岩特点是细粒结构，给人感觉滑如凝脂，颜色纯白，洁白无瑕。矿物组成以方解石为主，含有少量的石英，石英颗粒边界不平整，呈港湾状，具交代结构。这种硅质灰岩的结核在国内很是罕见，除了作为观赏石之外，更是珍贵的地质遗迹。白灵璧石的寄主岩石主要是倪园组的灰黄色灰质白云岩和青灰色灰岩，结核分布在寄主岩石上，呈白色斑点或团块，星星点点，点缀其间（图 4-14）。李广岭先生有诗赞曰：“积雪浮山巅，陡崖流清泉，方寸小天地，气象有万千”。

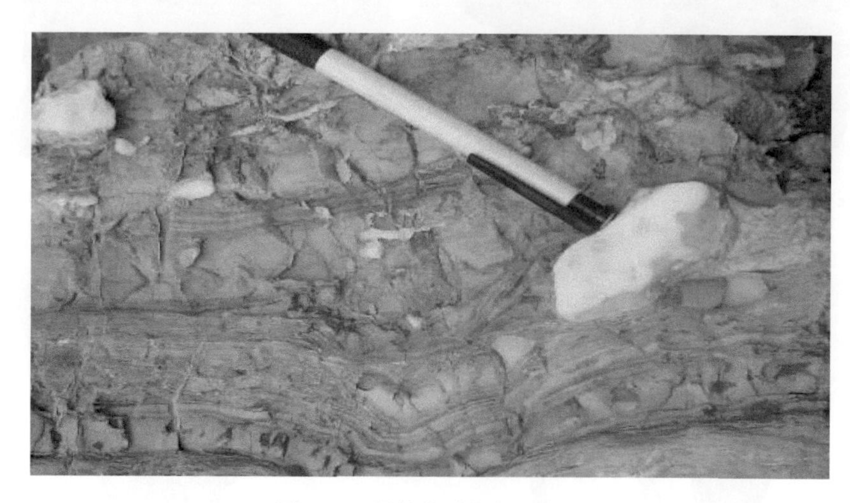

图 4-14 野外出露的白灵璧石

图片来源：陈松 摄

青黛灵璧石，即磬石，是灵璧石的传统类型，是指产于张渠组的薄层状或厚层状的黑色微晶灰岩，质地细腻，颜色较深，呈黑色，叩击能发出悦耳的青铜质的声音，又称为“八音石”（图 4-15）。磬石的开发利用历史悠久，3000 多年前的古代编磬就是以磬石为原材料制成的，现今可利用磬石制成各种乐器如磬石琴，民间也开发出丰富多彩的工艺品，远销海内外。

图 4-15　野外出露的磬石层

图片来源：马艳平 摄

纹石是指岩石表面具有呈同心环状的纹理，其新鲜面为深灰黑色至黑色，抛光面为黑色。纹石宏观上具均一结构，无颜色、结构上的差别，也不发育明显纹层构造。显微镜下可见暗色团块，为微生物降解后残留的有机质颗粒聚合成团形成的形态，还可观察到数条暗色纹层（图 4-16）。目前，关于纹石的成因研究较少，但结合其岩石学特征来看，可能与富有机质沉积物的间歇性沉积、后期脱水收缩以及上下层位的挤压有关。

图 4-16　野外出露的纹石

图片来源：朱洪 摄

5. 水体景观大类

公园内泉水景观主要包括磬泉和磬西泉，均位于坡脚山麓地带，形成成因略有不同。

磬泉：磬泉原为一月牙泉，泉中央为一莲花台座。泉深 5m，蓄水深 3m，清澈透底，其味甘甜，水质纯净，矿物质丰富。传说楚汉相争时，刘邦遭难时口渴难耐，久寻山泉不得，遂怒抽宝剑奋力穿石，剑拔泉涌，故有此泉，又因其位于磬云山故名磬泉。究其地质学意义，是由于该处采坑较深，切割岩层，层间地下水向采坑汇聚而形成泉水景观。

磬西泉：地处磬云山西南侧山脚，紧邻景区西侧公路水渠，山坡层间地下水径流于此，形成该泉水景观。为满足周围居民用水需要，目前泉水出露处已蓄水形成池塘，面积约 $30m^2$，水深 2～3m，泉水常年不干涸，清澈透底，水质纯净，矿物质丰富，为周围居民使用及灌溉水源。

6. 环境地质遗迹大类

磬云山国家地质公园环境地质遗迹类包括地震地质遗迹和采矿地质遗迹。景区内地震地质遗迹主要指古地震遗留痕迹——震积岩；采矿地质遗迹主要指宋代采坑遗址。

（1）震积岩

磬云山国家地质公园地震地质遗迹景观主要表现为震积岩。据调查，历史上强地震事件会在当时的沉积物中留下记录，形成规模壮观的震积岩（seismite），不协调地插入正常沉积地层中。在磬云山地区的地层露头上，震积岩随处可见（图 4-17）。该区的震积岩古地震遗迹主要表现为以下几类。

液化脉：液化脉形成于未固结的碳酸盐岩软泥沉积物中，在古地震作用中，软泥沉积物液化泄水，排出富含碳酸钙的溶液，于张性裂隙中，结晶形成。其立体形态多为不规则弯曲的薄板状，显示出随岩层一起液化流动的特点。

具“袋状冲沟”的强烈冲刷侵蚀构造：这些袋状冲沟指示了水流的方向，袋状冲沟中沉积物颗粒较大，有时含方解石脉，指示其形成要晚于围岩，形成可能与强震引发的海啸有关。

塑性砾屑层：塑性砾屑层是未固结的碳酸盐沉积，在地震作用下液化流动而成。砾屑具明显的塑性变形特征，剖面上呈不规则弯曲的板条状，多定向排列。

震碎角砾岩：是固结或弱固结的沉积岩在强烈地震作用下碎裂成大小不一的角砾堆积而成。有的角砾经短距离搬运，但大多角砾是就地堆积。有时角砾与母岩之间似断非断，角砾成分单调，大小不一，分选极差，杂乱无序分布。

阶梯状同生小断层：是一系列断面相互平行、垂直或倾斜、切割水平纹层并使之错断的小断层。一般断距仅 1～10cm，沿断面常见微晶方解石脉充填；其中液化碳酸盐岩脉是碳酸盐岩震积岩最基本、最重要的特征。

上述古地震遗迹被保留在岩石中，形成规模不同、形态多样的震积岩，具有巨大的观赏和科普价值。目前景区内震积岩形成时间和形成方式无确切定论，还需进一步探讨研究。

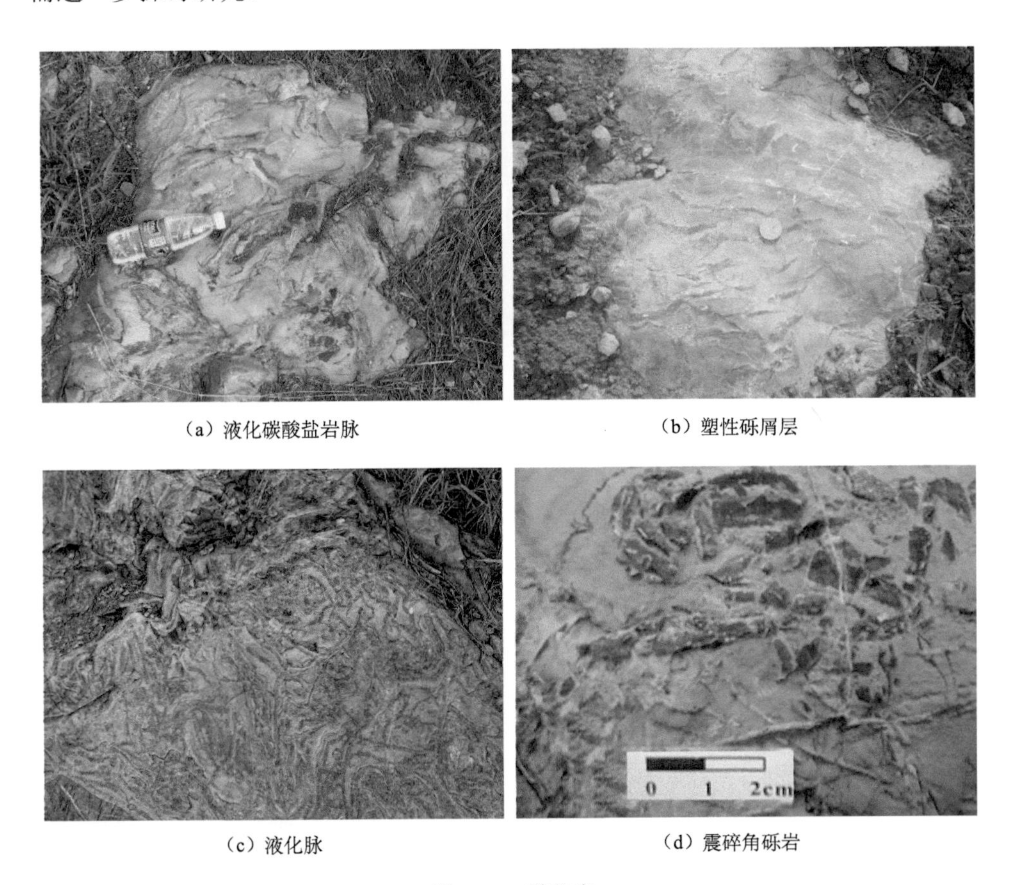

（a）液化碳酸盐岩脉　（b）塑性砾屑层

（c）液化脉　（d）震碎角砾岩

图 4-17　震积岩

（2）宋代采坑遗址

灵璧石开发利用历史悠久。在历史上灵璧石曾有三次较大规模的开掘，唐宋和明清为其鼎盛时期。而据《灵璧县志》记载：“灵璧石，发于宋，竭于宋”，可见宋代开采量之大。磐云山国家地质公园内现存一宋代采坑遗址，其地处磐云山西北的郑巷子村南，其长约 10m，宽约 6m，面积约为 60m^2，是一处重要的历史遗迹，也是一处重要的古采矿地质遗迹。此采石坑距今千年，几近淤平，但当年的轮廓依稀可辨。

宋代采坑遗址地质遗迹具有较高历史和人文价值，对研究宋代采石工艺、工序、工具都有着极其重要的意义。宋代采坑遗址的发现，归功于安徽省灵璧县文化馆原馆长孙淮滨。他根据古书记载，并实地考察地形与试掘，最终确证了宋代灵璧石老坑的位置。2004 年，灵璧县人民政府将宋代采坑遗址列为重点文物保护单位予以保护，并立碑为记（图 4-18）。

（a）宋代采石坑全貌

（b）纪念标志碑

（c）碑记及碑亭

图 4-18　宋代采坑遗址

第二节　地质遗迹资源成因

磬云山国家地质公园内地质遗迹丰富、类型多样，成因也各有不同，而且部分地质遗迹的成因一直是存在争议的地质学基础理论问题。下面就公园内几种主要的地质遗迹类型的成因进行分析。

一、灵璧石成因

灵璧石是在内力和外力共同作用下形成的产物，其形成一方面与震旦纪独特的高 CO_2 水平和富 $CaCO_3$ 沉积环境有关，另一方面与古郯庐带相对动荡的地质条件有关，两者造就了灵璧石的奇特美。后期长时间的压实作用以及受构造运动影响产生的宽缓褶皱和山丘—平原相间的地貌布局，以及由此导致的区域地表水和地下水的分布，使各种灵璧石形成了独特的外在形态。因此，特殊环境有关的沉积类型是灵璧石形成的内在基础，各种外在因素，如构造、地貌、水文也是灵璧石形成不可或缺的条件（图 4-19）。

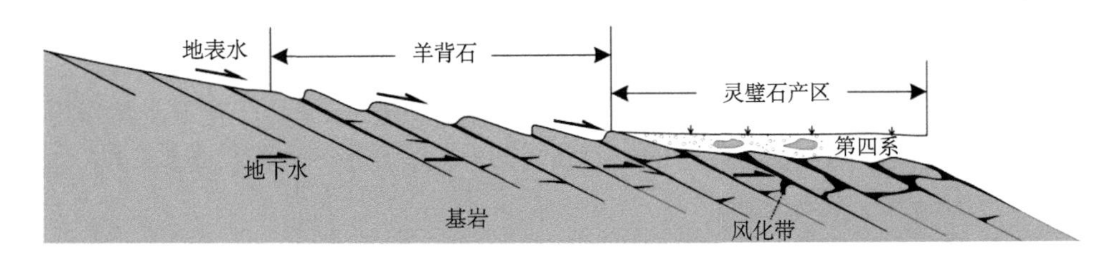

图 4-19　灵璧石成因模式

1. 灵璧石观赏特征的形成机理

（1）灵璧石形态

灵璧石有奇特的造型，千姿百态，变化无穷。灵璧石形态特征的形成有内因和外因两个方面，内因是岩石的物理化学性质，外因是长期的地质作用。

灵璧石是一种石灰岩，其矿物成分主要是方解石，分子式为 $CaCO_3$。方解石的化学性质比较活泼，在酸性地表水中极易溶解，如下式：

$$CaCO_3+H_2O+CO_2 \rightleftharpoons Ca(HCO_3)_2$$

在其形成后 9 亿年的漫长岁月里，当地壳运动上升至近地表的风化带中时，受到风化作用，特别是酸性水的溶解作用，沿着不规则的节理和裂隙发生溶解，这种溶解日久天长，逐渐积累。由于组成岩石的矿物组成和组构的不均匀性，溶解的速度不等，造成差异溶解，可溶的组分（如碳酸盐组分）被溶解随水带走而留下溶隙、溶槽或溶洞，难溶组分（如硅酸盐砂质组分）保持原状而形成凸起，从而形成大大小小、奇形怪状的观赏灵璧石。

因此，灵璧石的形成与分布主要取决于表层岩溶作用特点和岩溶发育程度（马艳平和陈松，2011a）。安徽东北部灵璧地区的表层岩溶作用在地貌上主要表现为宏观地貌景观和细观溶蚀形态两大类。宏观地貌景观有常态山、干谷及干沟、溶洞等，细观溶蚀形态有溶孔、溶隙、石牙、溶沟等（马艳平和陈松，2011b）。人们所观察到的千姿百态灵璧石，是灵璧地区表层岩溶作用细观溶蚀形态的表现，与岩石的节理和裂隙发育程度有密切关系。而且，不同的宏观岩溶地貌部位，地下水动态和碳酸盐岩性质对岩溶作用强度起决定作用，也就决定了灵璧石的分布规律。

（2）灵璧石纹理

灵璧石中的纹石具有美丽的花纹，变化无穷、丰富多彩，主要有雨线纹、蝴蝶纹、花纹、回形纹、天书纹、核桃纹、珍珠纹、水波纹、柳叶纹、刀砍纹、鸡爪纹、龟背纹、祥云纹、凤羽纹等十余种类型（图 4-20）。

灵璧石这种纹理的成因，有人提出与岩石内部的结构构造有关，即表面纹理是内部组构的反映，但是灵璧纹石的纹理只发育在表面，没有透入性，其内部是均一的，与岩石内部组构无关。还有人提出纹理的形成主要是由于褶皱变形作用，经过切开岩体观察可知，有纹理的岩石其内部并没有变形，内部仍是均一的，故褶皱变形的成因也不成立。

灵璧纹石产地调查表明，各种不同形态的纹石块体，是埋在地下土层中的，即上、下、左、右都是较疏松的黏土或砂质黏土、亚砂土，并处于地下潜水活动区。根据地下水活动规律，在潜水面之上，包气带地下水是垂直方向流动；在潜水面之下，地下水是水平方向流动。当雨季的时候，水量丰富，地下潜水面升高，岩石块体处于潜水面之下，水平方向流动的潜水携带泥沙和岩屑流经岩块时，必然发生滑动磨蚀作用。由于石灰岩岩块硬度较小（硬度为 3），相对较硬的矿物碎屑（如石英，硬度为 7）和岩石碎屑（如白云岩，硬度为 3～4），就可在其表面造成众多的划痕，长期作用就可形成较深的沟痕纹理。定向性水流可造成直线形划痕，漩涡性水流可造成弧形或环形划痕，不规则性的水流则造成复杂多样的纹理。有些大岩块，其上面和侧面有纹理而底面没有纹理，这是因为大岩块底面与土壤间有压实作用，结合紧密，缺少水流和泥沙岩屑的滑动作用（图 4-21）。当然，孔隙地下水在颗粒孔隙中渗透，因颗粒阻力作用，水动能很小，也不具备形成涡流的条件，因此无能力带动硬颗粒对埋藏在潜水位以下的石灰岩岩块进行刻画（包括弧形、环形刻画）。因此关于纹石纹理的形成机理问题尚有待进一步探讨。

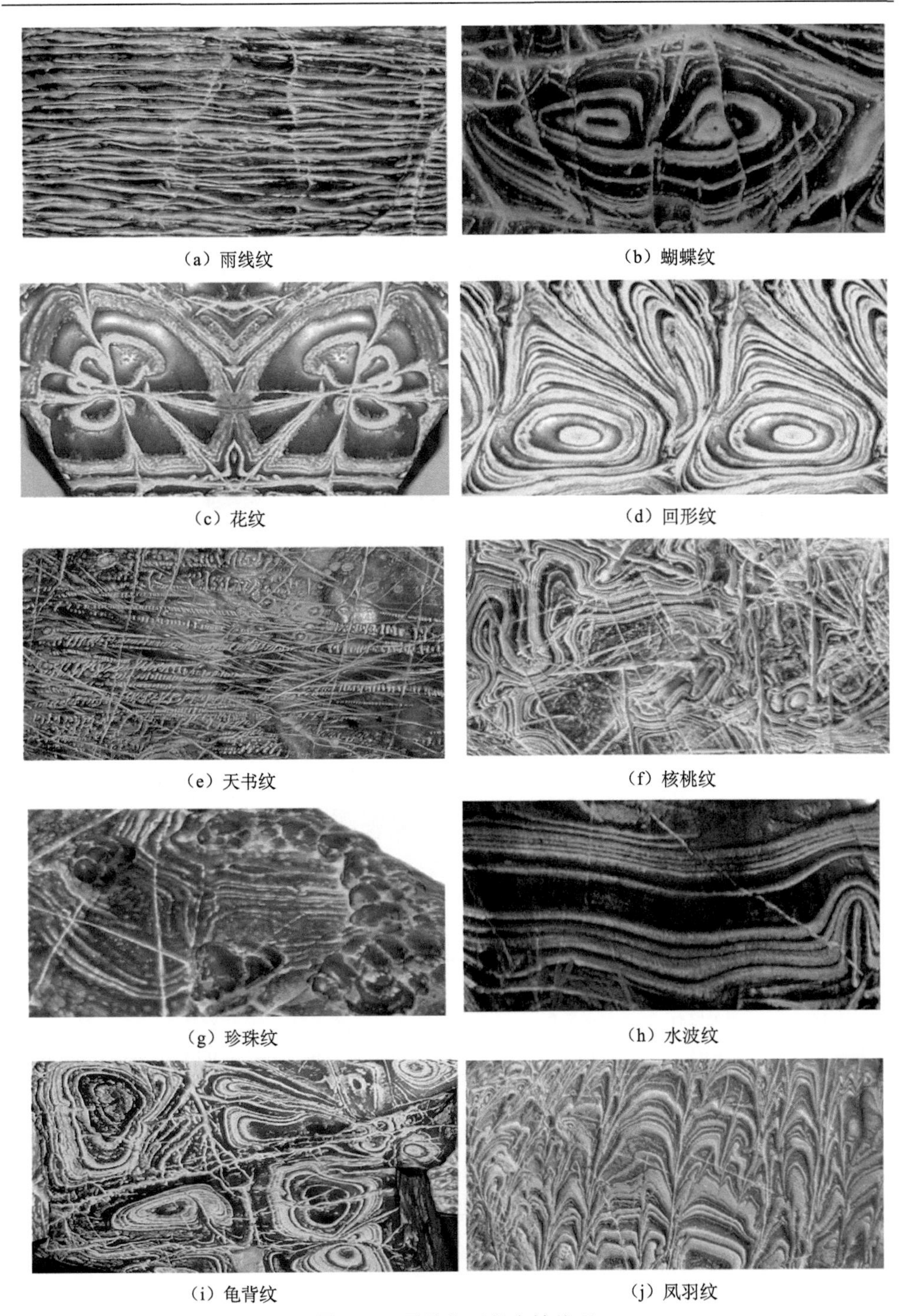

（a）雨线纹　（b）蝴蝶纹

（c）花纹　（d）回形纹

（e）天书纹　（f）核桃纹

（g）珍珠纹　（h）水波纹

（i）龟背纹　（j）凤羽纹

图 4-20　灵璧纹石代表性纹理

图片来源：《中国灵璧石大观》，2016

（3）灵璧石颜色

灵璧石有多种颜色，主要有黑、红、白三种基本色以及其他的过渡色，它们各自有其不同的致色因素。

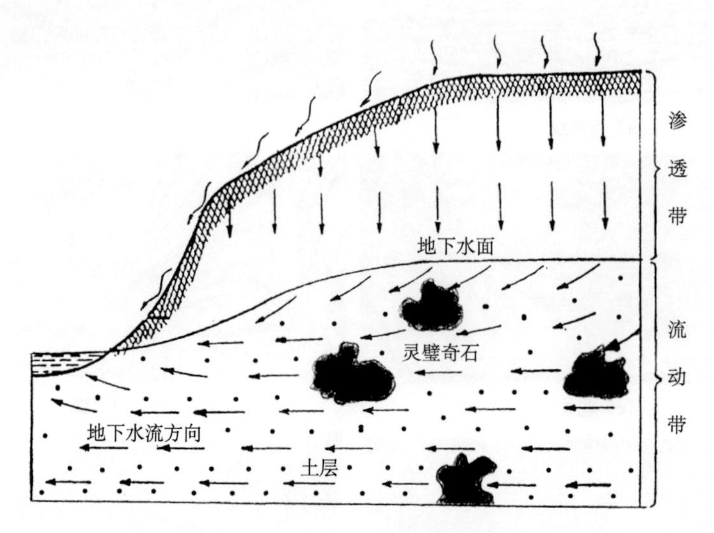

图 4-21　灵璧石纹理成因示意图

①黑色

黑色主要分布在磬石、纹石和黑灵璧石（指可做雕刻品但无清脆声音和纹理，有人称“墨玉”）等品种。灵璧石的黑色是有机碳含量较高所造成的。凡是黑色的灵璧石（磬石、纹石和黑灵璧石），其有机碳含量均显著高于白色、灰色和红色之类的灵璧石。各类灵璧石有机碳含量见表 4-3、图 4-22。

表 4-3　各类灵璧石有机碳含量

序号	1	2	3	4	5	6
石种	白灵璧石	灰灵璧石	红灵璧石	黑灵璧石	磬石	纹石
有机碳含量/%	0.05	0.04	0.05	0.09	0.10	0.16

资料表明，在新元古代震旦纪期间，经过地质构造运动，海水漫及灵璧县境内，使灵璧成为一片浅海的海滨。这个时期，原生藻类植物大量繁殖生长，形成礁体，这些藻类含有大量的有机碳，在海相沉积作用下，与 $CaCO_3$ 一起沉积并固定于碳酸盐岩中，形成有机碳含量不同的各类灵璧石。

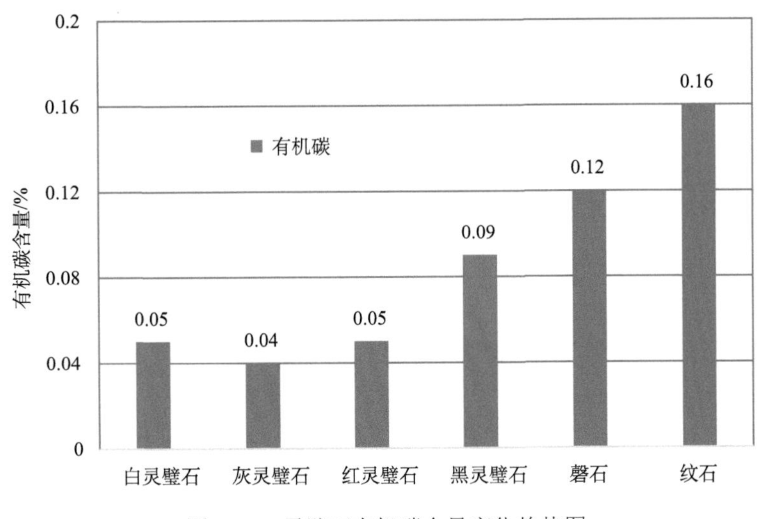

图 4-22　灵璧石有机碳含量变化趋势图

②红色

红色主要分布在红灵璧石和红蜿螺等品种。红色主要由三价铁离子（Fe^{3+}）致色所造成的，表明此种岩石是在氧化条件下形成的。从各类灵璧石中 Fe_2O_3 含量可知，红灵璧石的含量最高，Fe_2O_3 含量为 1.82%，其次为红蜿螺，Fe_2O_3 含量为 0.83%。各类灵璧石 Fe_2O_3 含量见表 4-4、图 4-23。

表 4-4　各类灵璧石 Fe_2O_3 含量

序号	1	2	3	4	5	6
石种	白灵璧石	纹石	灰碗螺	磬石	红蜿螺	红灵璧石
Fe_2O_3 含量/%	0.06	0.40	0.42	0.43	0.83	1.82

③白色

白色主要分布在白灵璧石等品种。此外，各种灵璧石中的晚期脉体也呈白色。白灵璧石和白色脉体的基本特点是矿物结晶颗粒都比较粗大，一般为 0.1～0.2mm，比其他种类的灵璧石颗粒（一般为 0.01～0.02mm）大 10 倍左右。这表明它们不是在沉积阶段形成的，而是在成岩后期由原岩溶解后重结晶而形成的。在重结晶过程中，一些致色因子，如铁离子和有机碳大多被排除掉，受到净化作用，因而形成白色，这一点与白灵璧石的有机碳含量和 Fe_2O_3 相一致。

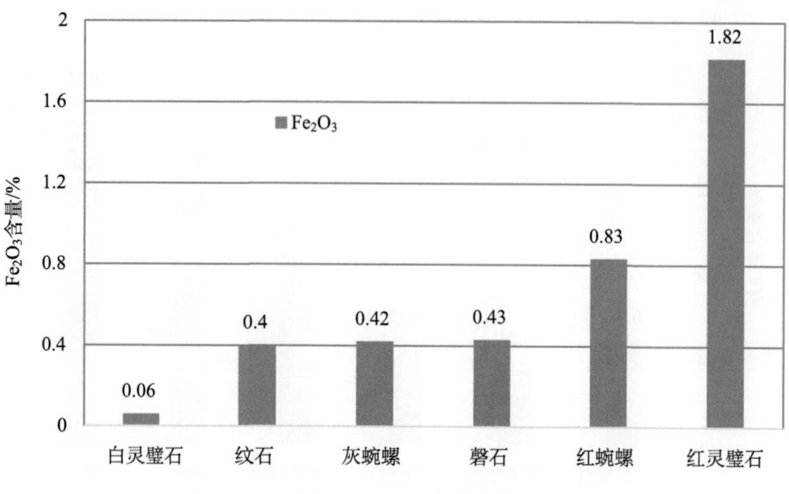

图 4-23　灵璧石 Fe_2O_3 含量变化趋势图

（4）灵璧石声音

磬是用石头磨制的，其起源时间可以上溯到石器时代。古人在磨制石具的实践中，注意到不同石块打击时会发出不同声音，受此启发，于是磨石为磬。最初用普通石头磨制，后来逐渐采用某些特殊石头（或玉石）制成发各种固定单音的磬，再后来又发展成为具有几个至一系列固定音的编磬。1950 年，在河南安阳殷墟文化遗址曾出土一枚虎纹石磬，长 84cm，高 42cm，厚 2.5cm，轻微敲击，能发出金属声，距今有 3000 多年历史，现藏于中国历史博物馆；1978 年，在湖北随州曾侯乙墓出土一组编磬，现藏于湖北博物馆；2006 年，在安徽蚌埠双墩 1 号春秋古墓亦出土一组编磬。经考证，上述石磬均为灵璧磬石制作（图 4-24）。

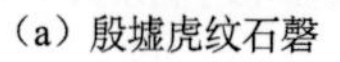
（a）殷墟虎纹石磬

（b）蚌埠双墩墓编磬

（c）随州曾侯乙墓编磬（藏于湖北博物馆）

图 4-24　几种典型的古石磬

图片来源：《中国灵璧石大观》，2016

灵璧磬石，扣之有清脆悦耳的声音，古时用来制作打击乐器，能奏八音，因而也有称磬石为“八音石”。薄磬石较厚磬石，扣之音脆。对于同厚度的磬石，其声音的优劣，主要取决于两个因素，一是矿物组成，二是结构构造。从矿物组成来看，组成成分单一者，声音较好；而矿物成分复杂即杂质矿物多，特别是富含黏土矿物杂质，则声音差。从结构构造来看，矿物颗粒细小、接触紧密、等粒均匀者则声音好；而矿物颗粒粗大、接触不紧、不等粒不均匀者，则声音较差。在显微镜下放大观察灵璧磬石发现，矿物成分比较单一、杂质很少、矿物颗粒细小、接触紧密和等粒均匀，从而叩击声音清脆悦耳（图 4-25）。

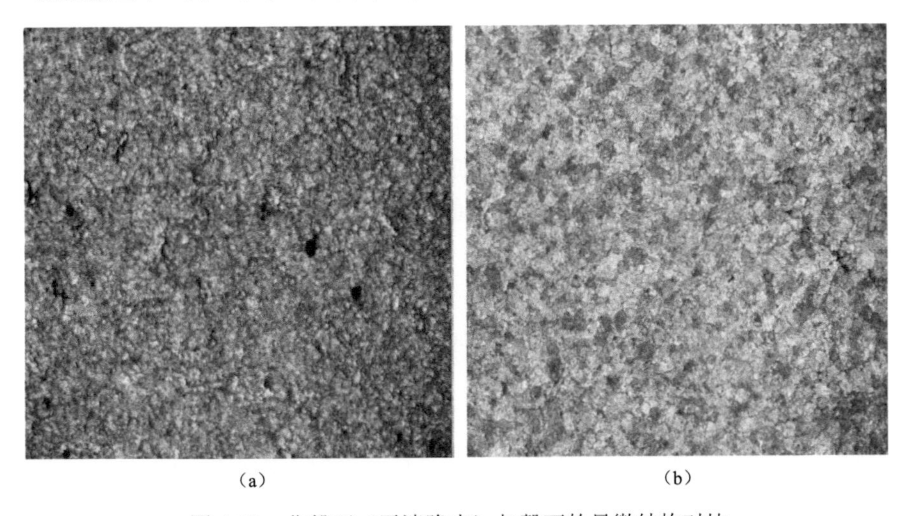

（a）　　（b）

图 4-25　非磬石（无清脆声）与磬石的显微结构对比

（a）无清脆声，显微镜下观察矿物结晶差，颗粒不等粒、不均匀；（b）磬石，显微镜下观察矿物结晶好，结晶颗粒细小、均匀，排列紧密

2. 典型灵璧石成因

广义上，产于皖东北灵璧地区的新元古代碳酸盐岩质观赏石，均称为灵璧石。但在广义灵璧石中，有一些观赏价值极高的类型如叠层石，在成因上却存在较大差异。

（1）叠层石

叠层石是灵璧石的特殊种类，既有地学属性，也有观赏属性，民间所称的龙鳞石、金钱石等均属于叠层石范畴。在地学上，叠层石是古生物地质遗迹类，是前寒武纪中常见化石之一，在研究区内分布较广，呈厚层状产出，岩性主要为微晶灰岩和白云岩，稳定分布于区域内新元古代地层的九顶山组和魏集组中。

叠层石是一种藻类化石，有青灰色和紫红色两种，断面呈向上凸起的半球形薄层垂向堆叠。青灰色叠层石叠层体直径大多超过 100mm，微构造为连续带状—断续线状，暗层厚 0.3～0.6mm，亮层厚 0.5～2mm，叠层体之间充填有叠层石碎块及岩屑，厚度可达几十米。紫红色叠层石叠层体直径大多 30～50mm，分枝复杂，形态多样，微构造类型呈多样化，有断续带状、断续带—凝块状、断续带—连续线状、连续带状，暗层厚 0.3～1mm，亮层厚 0.2～2mm，可能反映了微生物群落的多种类型。叠层体之间充填淡黄色碳酸盐灰泥及碎屑，厚度几十至上百米。在显微镜下观察，岩石具生物黏结结构，叠层构造，暗层由丰富的藻迹和有机质组成，即富藻层，与由砂屑微晶灰岩组成的亮层交叠出现，反映了藻类生长、捕捉等生物活动在岩石形成中的作用（图 4-26）。

叠层石元素成分分析结果显示，其化学成分中 CaO 含量较高，为 48.48%～50.47%；MgO 含量为 2.05%～2.42%；SiO_2 含量为 3.62%～4.04%；Fe_2O_3 含量为 0.84%～1.16%；Al_2O_3、K_2O、Na_2O 等含量均较低。在微量元素方面，显著富集 Mn、Sr、Cu、Ba 等元素，尤其富集 Mn，为 932ppm。

研究认为，叠层石是由单细胞或简单多细胞藻类在固定基底上，因光合作用昼夜周期生长和新陈代谢作用黏结、沉淀、运移及凝固水中矿物质，在特定的沉积环境下形成的一种微生物沉积构造，通常分布于潮坪、浅滩及潟湖等处的光照带环境。当条件适宜时，藻类大量繁殖，所形成的纹层含有机质较多，称暗层，条件不适宜时，藻类基本处于休眠状态，所形成的纹层含有机质较少或不含有机质，称为亮层。暗层与亮层交替叠置所显示的形迹即叠层构造。

（2）珍珠石

珍珠石也是灵璧石一个特殊种类，一般发育于新元古代张渠组岩石地层中，地理分布于园区崇山西南坡麓及坡脚，其岩石学类型为黑色微晶灰岩，特点是在层面上发育有特殊的球状体或次球状体。实际上，珍珠石是一种宏观藻类实体化石，具有明显的边缘带和髓部结构，边缘带具密纹构造的特点[图 4-27（a）、（b）]。显微镜下观察，这些球状体和寄主岩石在矿物组成上无明显区别，均为微晶方解

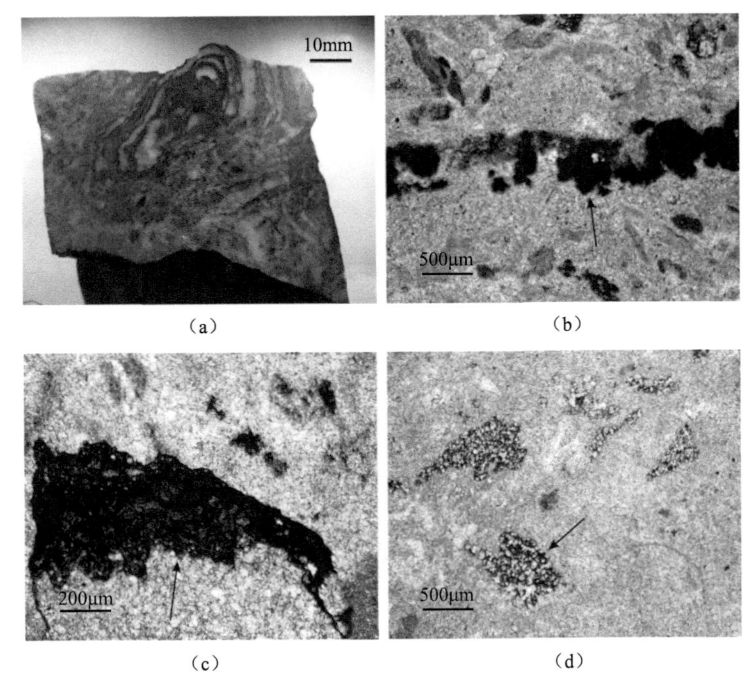

图 4-26　红色叠层石的宏观和微观特征

（a）横切面明暗层相间的同心圆形；（b）暗层由丰富的藻迹和有机质组成；亮层由砂屑微晶灰岩组成，两者交叠出现；（c）藻丝体显示出明显的向上生长趋势；（d）白云石化主要沿藻团块发生（箭头所指）

石，粒径＜0.01mm，含有一些富有机质的暗色纹层，直径 0.5～1 mm，少量黄铁矿颗粒，粒径明显小于方解石晶体，零星分布于方解石晶体之间。在矿物组成上与磬石没有明显区别[图 4-27（d）]。

中国地质大学梅冥相教授在天津蓟县高于庄组中发现了类似的构造，认为这些球状体具有明显的边缘带和髓部结构，显示出可能的原始多细胞组织分化和细胞显微结构，可能为丘尔藻属（Genus Chuaia）或拟丘尔藻属（Genus Parachuaia）之类的宏观藻类化石的钙化实体。宏观藻类又称宏体藻类，是指那些肉眼可见的藻类，它是一种低等植物，不存在解剖学意义上的根茎叶分化，最早发现于美国亚利桑那州科罗拉多大峡谷前寒武系丘尔群中。

珍珠石的主量元素分析结果显示，其 CaO 含量较高，为 55.74%；MgO 含量较低，为 0.35%；其他氧化物含量如 SiO_2、Al_2O_3、Fe_2O_3、K_2O、Na_2O 等含量均较低，表明其主要成分为较为纯净的方解石。在微量元素方面，主要富集 Sr、Cu、Ba、Zn、Mn 等元素，Sr 含量在各类灵璧石中最高，达 2960ppm，Mn 含量在各类灵璧石中最低，为 21.7ppm。通过观察与研究，发现球状层与寄主岩石接触面不平整，呈浅的波纹状，且球状层的物质可以灌入寄主岩石的裂隙[图 4-27（c）]。

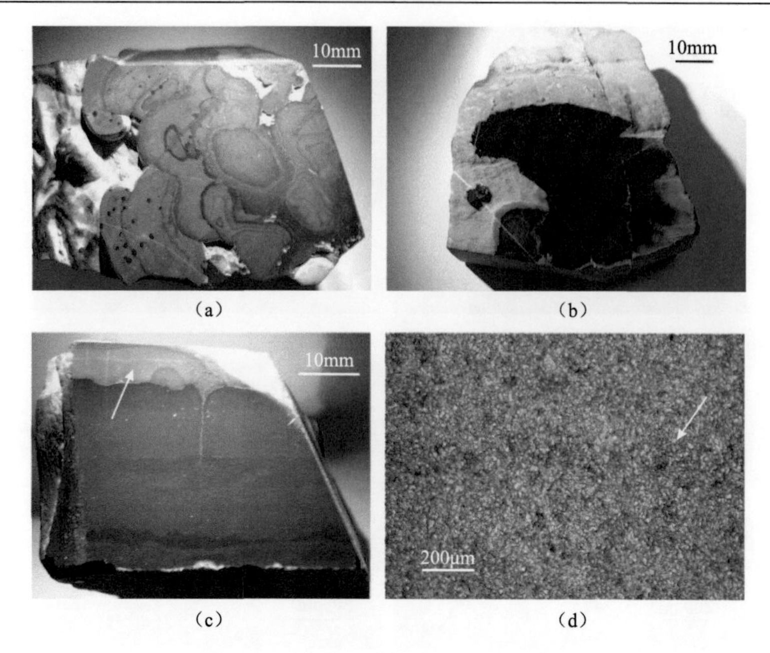

图 4-27 珍珠石类的宏观和微观特征

(a)、(b) 显示珍珠石为宏观藻类实体化石；(c) 显示实体宏观藻类化石层颜色浅于其寄主岩石，接触面呈浅的波纹状（箭头所指）；(d) 显示接触面明显富集有机质，实体宏观藻类化石层和寄主岩石在矿物组成上无明显区别，均为微晶方解石

另外，这些球状体只出现在岩石的风化表面，岩石内部未见球状体存在；而且珍珠石只出现在张渠组中，和磬石伴生，岩性完全一致，往往珍珠石也发育磬石特有的纹层。因此，我们认为，这些球状体更可能是一种后生喀斯特构造，是张渠组微晶灰岩溶解再沉积的产物。

（3）白灵璧石

白灵璧石一般发育于倪园组地层中，分布于公园崇山南坡坡麓地带，其特点是呈结核状分布于灰黄色灰质白云岩和青灰色灰岩互层的寄主岩石中，直径几厘米至几十厘米，不切穿寄主岩层面[图 4-28（a）]，反映白灵璧石是早期成岩作用或与寄主岩同沉积的产物。

白灵璧石岩石类型为硅质灰岩，白色、细晶结构，主要组分为细晶方解石，含量约 90 %，粒度 0.1～0.2 mm，近等轴状，密集镶嵌分布，晶粒之间界限不易分辨；石英含量约 10 %，粒径 0.2～0.4 mm，分布不均匀，石英颗粒边界不平整，呈港湾状。具交代结构，石英交代方解石，并见部分方解石交代残余于石英颗粒之中[图 4-28（b）]。白灵璧石的莫氏硬度为 4.2，主量元素分析结果显示，其 CaO 含量较高，为 51.62%；MgO 含量较低，为 0.17%；SiO_2 含量为 8.23%；Al_2O_3、Fe_2O_3、K_2O、Na_2O 等含量均较低。在微量元素方面，主要富集 Sr、Cu、Ba、Pb、

Zn 等元素，含量依次为：1282ppm、757ppm、116ppm、87.1ppm、82.8ppm。

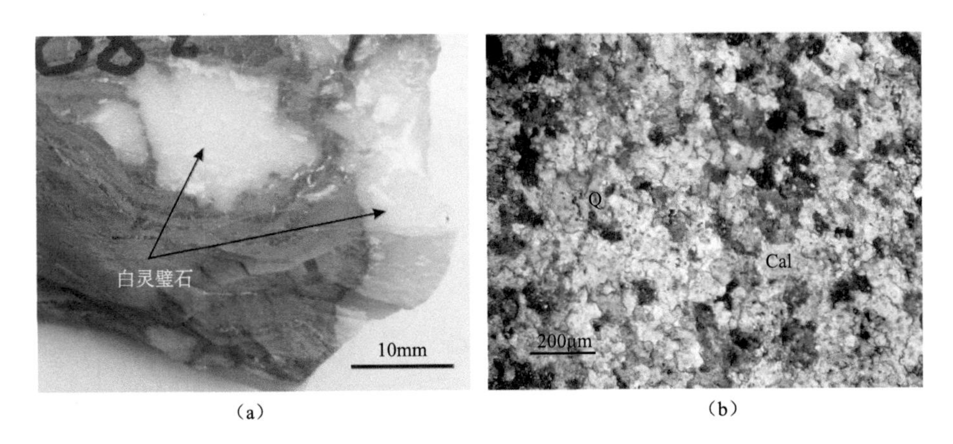

（a）　（b）

图 4-28　白灵璧石的宏观和微观特征

白灵璧石的稀土元素显示出明显不同于一般灰岩的明显的 Eu 正异常（图 4-29），表明白灵璧石的形成与海底热液活动有关，可能是海底热液与古海水相互作用的产物。同时，白灵璧石周围所围绕的震积岩证实了地震作用的参与。因此，白灵璧石是在独特环境条件下，过饱和 $CaCO_3$ 在风暴搅动作用下，海底热液释放的高温硅质流体，促使方解石发生快速沉淀的产物（图 4-30）。

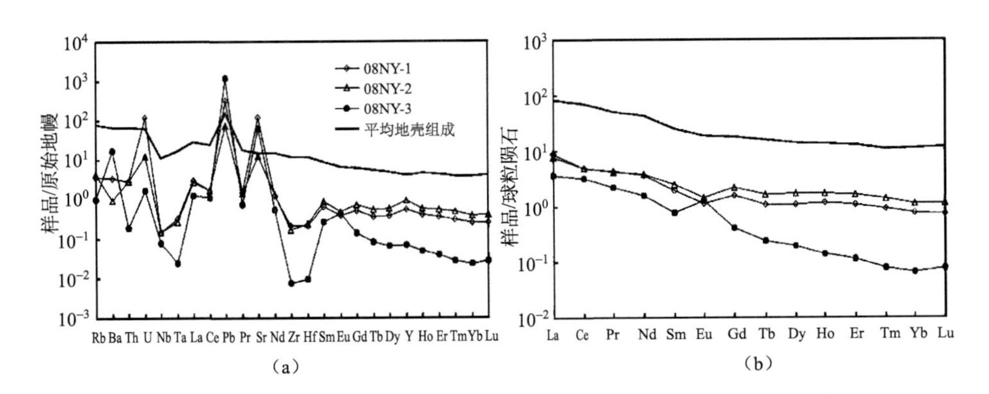

（a）　（b）

图 4-29　白灵璧石（08NY-3）与一般灰岩微量及稀土元素特征对比

（4）磬石

磬石是灵璧石的传统类型，一般发育于新元古代张渠组地层中，其岩石类型为黑色微晶灰岩，黑色，贝壳状断口，微晶结构，均一块状构造。

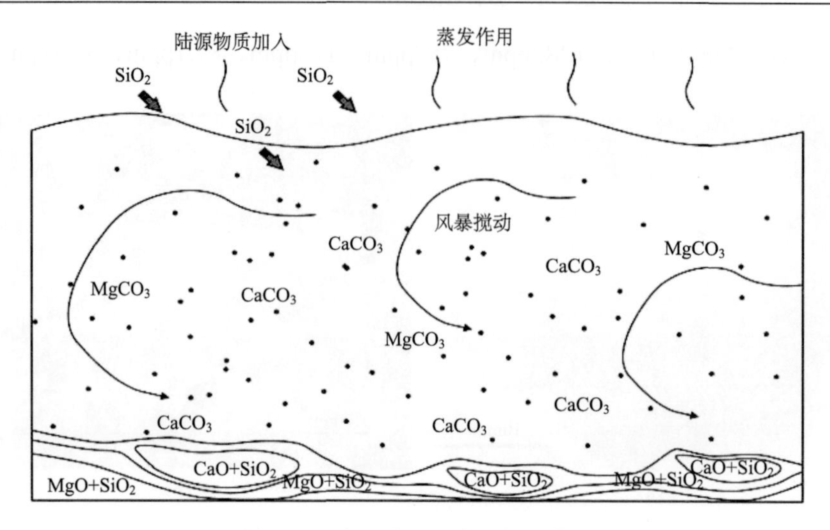

图 4-30 白灵璧石形成成因示意图

磬石主要组分为微晶方解石，含量 95%以上，粒度约 0.01mm，半自形，密集镶嵌状排列；偶见黄铁矿颗粒，呈星点状分布，粒度普遍小于方解石的粒径；富含有机质，呈暗色纹层状分布，可能为藻迹，长 0.2～0.4mm，断续分布，并大致沿平行层面方向定向排列[图 4-31（a）、图 4-31（c）]。在扫描电镜下观察，可见方解石晶体自形程度较好，粒度均小于 10μm，紧密镶嵌排列，少量微小沉积孔洞零星分布，除方解石外未见其他矿物[图 4-31（b）、图 4-31（d）]。

磬石在主量元素方面，CaO 含量较高，为 54.28%；MgO 含量很低，为 0.60%；其他氧化物，如 SiO_2、Fe_2O_3、Al_2O_3、K_2O、Na_2O 等含量较低，均小于 1%，表明其为较纯净的石灰岩。在微量元素方面，主要富集 Sr、Cu、Mn、Ba 等元素，Sr 含量在各类灵璧石中仅次于珍珠石，达 2892ppm。

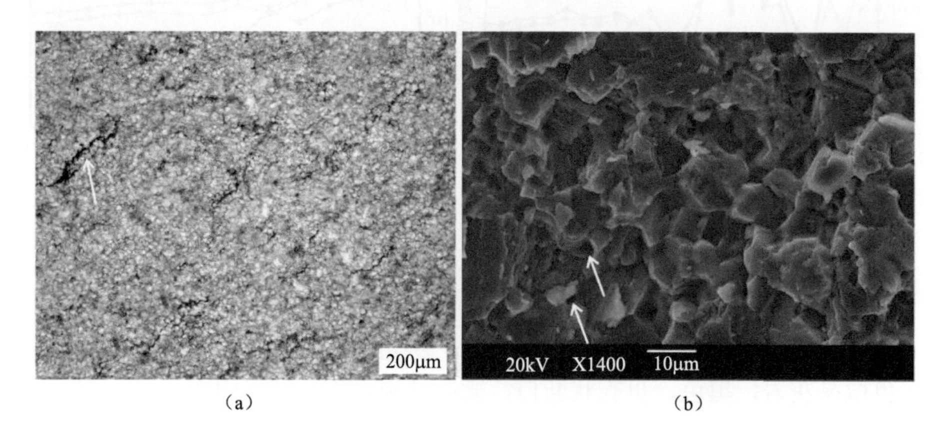

（a） （b）

（c）　（d）

图 4-31　磬石的微观特征

（a）磬石的显微照片（单偏光），箭头显示富含有机质的暗色纹层；（b）磬石的扫描电镜照片，含少量微小沉积孔洞（箭头所指）；（c）普通微晶灰岩的显微照片（单偏光）；（d）普通微晶灰岩的扫描电镜照片，沉积孔洞较大（细箭头），部分沉积孔洞被胶结物充填（粗箭头）

磬石敲击能发出青铜质的声音，与其矿物组成单一，结构均匀致密，富含有机质有关。该套地层中的其他微晶灰岩虽然也是微晶结构，但是颗粒大小不一，且含有黏土矿物颗粒和较多的孔洞，影响了声波的振动和传递，因而不能发出青铜质的声音。

（5）纹石

纹石因表面呈同心环状纹理而得名[图 4-32（a）]，其岩石学类型为微晶灰岩，具微晶结构，矿物成分以方解石为主。其主量元素分析结果显示，CaO 含量较高，为 51.70%～54.82%；MgO 含量较低，为 0.85%～2.09%；其他氧化物含量如 SiO_2、Al_2O_3、Fe_2O_3、K_2O、Na_2O 等含量均较低，表明其主要成分为较为纯净的方解石，这与上述矿物组成方面的特征也是一致的。

在微量元素方面，富集 Sr、Cu、Mn、Zn 等元素，含量分别为 714ppm、145ppm、34ppm、19.9ppm，其次富集 Ba 和 Pb 元素。纹石新鲜面为深灰黑色至黑色，抛光面为黑色[图 4-32（b）]。将发育纹理的面切开观察，宏观上内部具均一的结构，无颜色、结构上的差别，也不发育明显纹层构造[图 4-32（c）]。显微镜下可见暗色团块[图 4-32（d）]，为微生物降解后残留的有机质颗粒聚合成团形成的形态，还可观察到数条暗色纹层[图 4-32（e）]和臼齿构造[图 4-32（f）]。

纹石的成因可能与富有机质沉积物的间歇性沉积、后期脱水收缩以及上下层位的挤压有关。其形成模式大体上可以分为三个阶段，富有机质的微晶灰岩沉积阶段；脱水收缩产生破裂阶段；绕破裂面发生流变形成弯曲纹层阶段（图 4-33）。

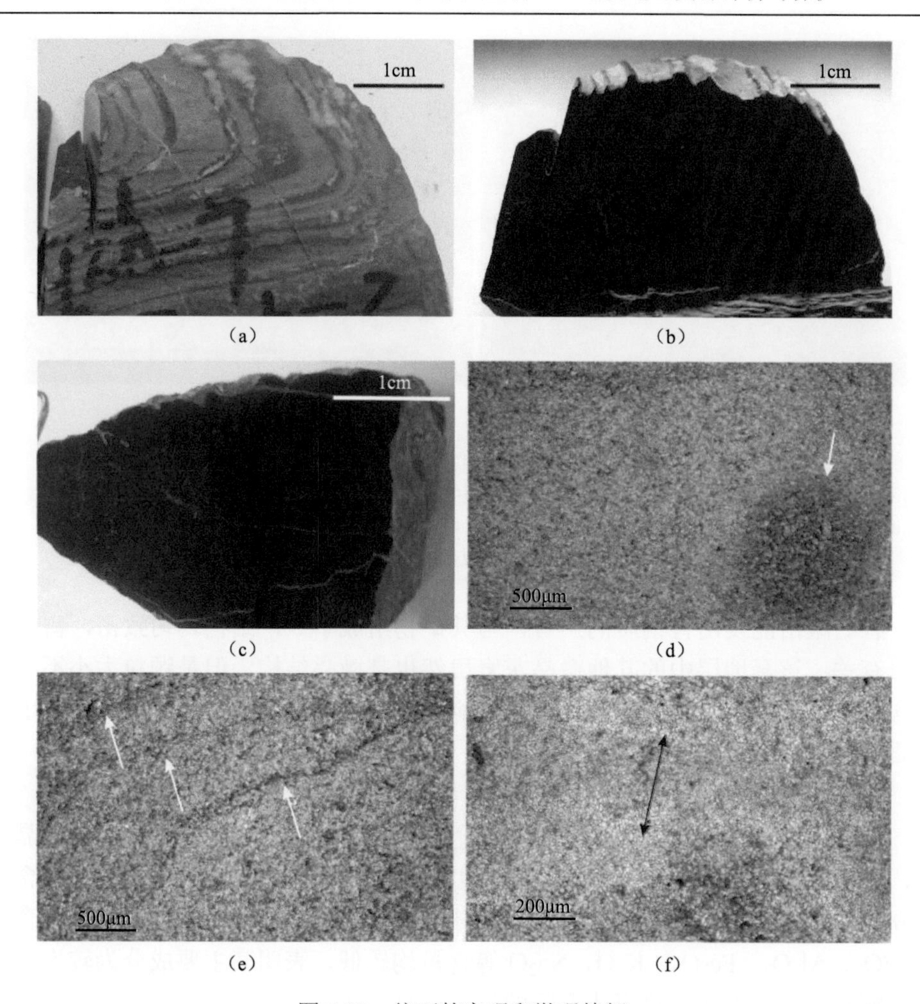

图 4-32　纹石的宏观和微观特征

(a) 岩石表面发育特征的同心环状纹理；(b)、(c) 纹石内部具均一的结构，不发育明显纹层构造；(d) 微生物降解后残留的有机质颗粒聚合成团形成的暗色团块；(e) 显微镜下可观察到数条暗色纹层（箭头所指）；(f) 臼齿构造

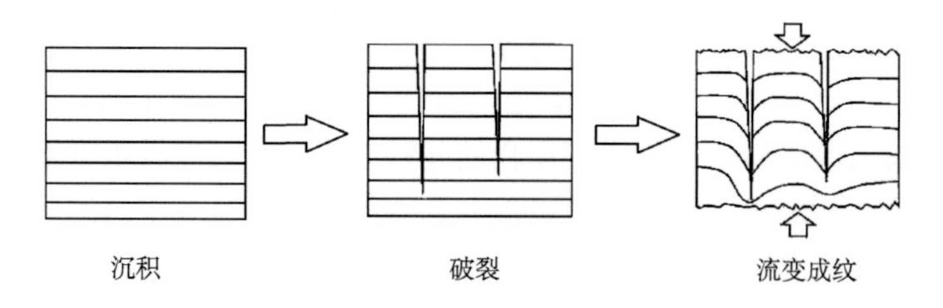

图 4-33　纹石成因模式示意图

（6）彩石

彩石在颜色上为黄色、红色，或者为黑色、红色、黄色中两种或两种以上的颜色，通常中薄层状互层[图 4-34（a）、（d）]。黑色部分的矿物组成大致类似于磬石。

图 4-34　彩石的宏观和微观特征

（b）为单偏光，（c）为正交偏光

在主量元素含量上，相对其他灵璧石类，彩石 CaO 含量（43.25%～46.51%）、SiO_2 含量（6.11%～13.72%）、Al_2O_3 含量（1.50%～4.14%）、Fe_2O_3 含量（0.81%～2.06%）、K_2O、Na_2O 含量稍低；黄色部分含有较高的 MgO（5.08%）。从微量元素看，Sr 含量较低，为 105～208ppm，低于其他灵璧石类；Mn 含量较高，仅低于叠层石，高于其他石类；其他如富集 V、Cr、Li、Rb、Ba 等元素也有别于其他类灵璧石。在显微镜下观察，红色部分主要含有较多的褐铁矿颗粒，黄色部分一般含有石英、白云母以及黏土矿物等陆源碎屑物质，且有一定程度的白云石化[图 4-34（b）、（c）]。

彩石的形成层位往往与砂质、泥质沉积有关，水体环境相对偏浅，大量陆源物质的加入和偏氧化的环境是造成它们颜色以红为主、略含其他色彩的重要原因。

二、臼齿构造成因

臼齿构造碳酸盐岩在磬云山分布较广泛，在赵圩组、倪园组、九顶山组、张渠组等地层中均有分布，尤其在张渠组地层中形成了连片的臼齿构造群景观（图 4-35）。臼齿构造碳酸盐岩形成于成岩早期，其沉积环境主要是正常浅海潮坪环境，而且臼齿构造与叠层石几乎不出现在同一层位，通常总是发育在比叠层石系列更深的水体和软泥环境中。

图 4-35 臼齿构造群

Bauerman（1885）首次报道了北美 Belt 超群碳酸盐岩中具有肠状褶皱、裂隙中充填有微亮晶细粒碳酸盐，其外貌形态类似于大象牙臼齿，因而称其为臼齿构造碳酸盐岩。之后，又在亚洲、美洲、大洋洲的新元古代地层发现 20 多处臼齿构造碳酸盐岩。从分布的地层来看，全球臼齿构造碳酸盐岩主要发育于中—新元古代，出现于距今 1500Ma～650Ma 间，发育最鼎盛时期是在距今 900Ma～700Ma 期间，距今 650Ma～600Ma 间逐渐衰退，距今 600Ma 以来新的地层中很少发育（张金昌和王成，2007）。但也有在太古宙发现臼齿构造碳酸盐岩的报道（Bishop et al.，2006），此发现推翻了多数学者认为臼齿构造碳酸盐岩仅发育于新元古代时期的观点。

臼齿构造在宏观和微观上颜色存在明显差别，肉眼观测的臼齿构造颜色无论深浅，在显微镜下臼齿构造微亮晶都明显比其宿主岩石明亮（梅冥相，2007）。镜下观察到，微亮晶方解石脉中含有少量陆源物质和黄铁矿，表明其形成浅海潮下还原环境（郭峰等，2009）。通过微量元素测试结果分析，发现微亮晶脉体与其宿主围岩存在差别（缪庆海等，2014）。原因是海水中高度分散的 $CaCO_3$ 颗粒通过阳离子交换和螯合等方式有选择性地吸附水中微量元素所导致的（赵泽恒，1987）。

而且从陆源 Ti 含量来看，也证明了臼齿构造碳酸盐岩主要形成于离陆较近的浅海环境（李全海等，2010；王凯明和罗顺社，2009；刘为付等，2003；乔秀夫等，1989）。

将皖北新元古代臼齿构造碳酸盐岩样品制成探针片，采用 LA-ICP-MS 测定样品的主、微量元素。结果表明，微亮晶脉的 δCe-（CaO+MgO）与 ΣREE-SiO_2 均没有相关性，说明研究区新元古代臼齿构造碳酸盐岩没有受到后期成岩作用的影响，这与稀土元素地球化学研究结论是基本一致的（Chen et al.，2014； Sun et al.，2011；孙林华等，2010b）。

关于臼齿构造成因，观点和学说比较多，如生物成因（Eby，1977）、地震作用（乔秀夫和高志林，2007；Fairchild et al.，1997；Calveret et al.，1990）、脱水收缩作用（Horodyski，1983；Young et al.，1977）、蒸发岩构造（乔秀夫等，1999）、气体膨胀和运移（孟祥化等，2006；Furniss et al.，1998）等。

Smith（1968）认为臼齿构造的形成与微生物（主要是藻类）的生命活动有关；James（1998）认为在中、新元古代时期，潮间和潮下带泥质碳酸盐海底被微生物泡沫覆盖着，并且因强烈的光合作用使微生物大量繁殖，最终由生物沉积作用而形成臼齿构造碳酸盐岩，此观点得到国内许多学者的研究成果支持（旷红伟等，2011；葛铭等，2003；Meng and Ge，2002，2003）。

Pratt（1998）认为地震作用致使海底灰泥或黏土等已胶结的沉积岩出现脱水收缩等现象，继而形成裂隙，而后从基质成分中分离出来的细小等粒灰泥颗粒充填其内，在压力和剪力作用下形成肠状褶皱，最终形成臼齿构造碳酸盐岩。国内很多学者通过臼齿构造的细微观研究（乔秀夫和李海兵，2009；乔秀夫等，1994），结论与 Pratt 的观点具有一致性。

臼齿构造的成因应考虑两方面的问题，一方面是臼齿构造形态，也就是裂隙的成因；另一方面是微亮晶方解石脉的成因。臼齿构造具有限定的分布时限，仅分布在元古代地层中，而且在新元古代早期臼齿构造达到高峰，在距今 750 Ma 以后臼齿构造大量衰减甚至消失。这与元古代大气中具有很高的 CO_2 浓度，且海水具有有利于 $CaCO_3$ 稳定的氧化还原条件和较高的 $CaCO_3$ 饱和度有关，在这一条件下，有利于方解石的快速沉淀。这些因素的耦合可以解释微亮晶方解石脉的成因问题。裂缝的成因也是揭示臼齿构造成因的一个挑战，上述的多种模式之间的争议很多都是在裂缝的产生上。

磬云山臼齿构造具有多种形态，主要有多边形状（龟甲状）、流线状、网状、鱼鳞状、同心圆状、圆圈状、放射状等；剖面上有泥裂状、垂直裂隙状等。在总结前人认识的基础上，结合野外地质观察，认为磬云山臼齿构造的成因环境不是稳定的，其形成是在新元古代中期大气较高 CO_2 浓度的背景下，地震活动或者脱水收缩作用，在未完全固化的碳酸盐岩中形成大量裂隙，富 $CaCO_3$ 流体向裂隙中运移充填并快速固结形成微晶方解石，并快速沉淀，岩层在进一步的压实过程中，脉体发生变形并导致纹层的类同生变形而形成臼齿构造（图 4-36）。

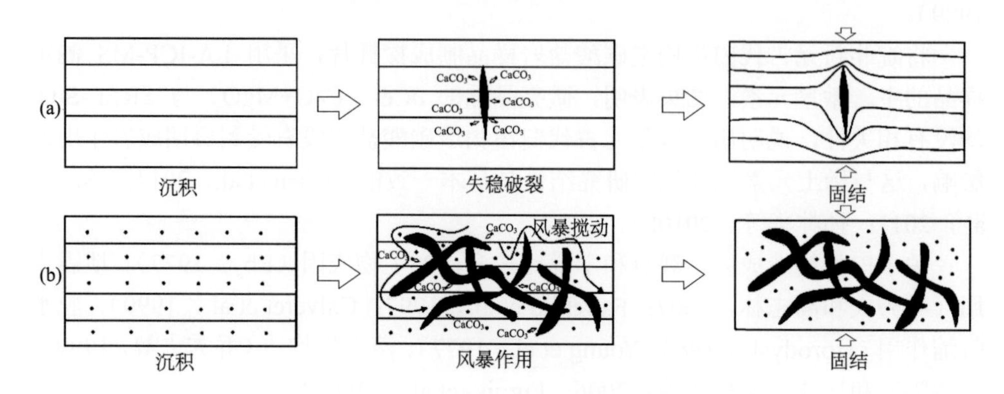

图 4-36　臼齿构造成因模式示意图

王跃等（2016）对皖东北部新元古代臼齿构造碳酸盐岩进行了主量元素与微量元素的测试分析，系统研究了臼齿构造碳酸盐岩微量晶脉体与宿主岩石的主量元素与微量元素地球化学特征，探讨了臼齿构造成因模式。

从主量元素上看，皖东北部新元古代臼齿构造碳酸盐岩的宿主岩石与微亮晶脉体有明显的区别（图 4-37），微亮晶脉体中 $CaCO_3$ 含量比宿主岩石高，其矿物主要为方解石，脉体中 $CaCO_3$ 平均含量为 98.48%，宿主岩石 $CaCO_3$ 平均含量为 95.82%。而在 MgO、Al_2O_3、SiO_2、CaO、Fe_2O_3 等元素宿主岩石中含量均高于微亮晶脉体。

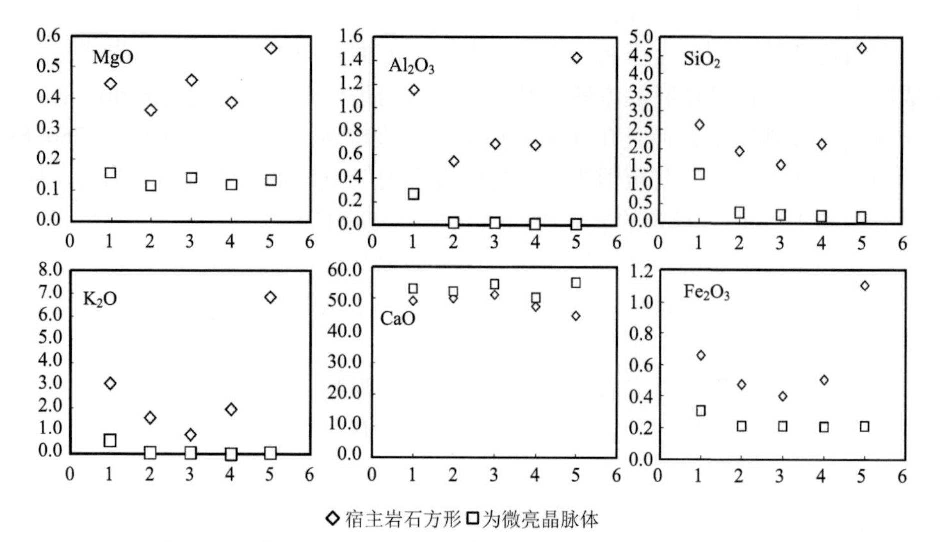

图 4-37　微亮晶脉体与其宿主岩石主量元素地球化学特征对比

已有的研究表明，稀土元素 Y/Ho 比值在示踪热液方面具有重要意义。Bau 和 Dulsk（1995）在研究德国 Tannenboden 矿床和 Beihife 矿床中的萤石和方解石的 REE 地球化学行为时，发现同源脉石矿物中的 Y/Ho-La/Ho 大致呈水平分布（Peng et al.，2004；Li，1995；Bau，1991）。因为 Y 和 Ho 在自然界中形成离子半径接近（Ho^{3+}离子半径为 0.901nm，Y^{3+}离子八面体配位时半径为 0.900nm），在地球化学过程中有着极其相似的行为，所以 Y/Ho 比值在同一体系中保持不变，均等于北美页岩 Y/Ho 的平均比值 27（Groment et al.，1985；Taylor and McLennan，1985）。然而在海相环境下，Y/Ho 常由 Y-Ho 发生分异而发生变化。在皖北张渠组地层臼齿构造碳酸盐岩宿主岩石 Y/Ho 平均比值为 33.82，微量晶脉体 Y/Ho 平均比值为 43.47，均显示出高于球粒陨石 Y/Ho 比值。同时在 Y/Ho-La/Ho 图解上，宿主岩石与微量晶脉体 Y/Ho-La/Ho 比值上不在同一水平线上，但是宿主岩石 Y/Ho-La/Ho 比值变化趋势同微量晶脉体 Y/Ho-La/Ho 比值具有同步性，显示出臼齿构造碳酸盐岩宿主岩石 Y/Ho-La/Ho 比值同微量晶脉体 Y/Ho-La/Ho 比值呈正隆起性的正相关（图 4-38）。同时在热液示踪方面，高的 Y/Ho 比值形成于盆地形成的早期成岩阶段，低的 Y/Ho 比值与热液活动有关（Krupenin，2004），此结论与“皖东北部臼齿构造碳酸盐岩分布区震积岩出现于元古代 Rodinia 形成的前陆汇聚”的结论相符合（孙林华等，2010c）。

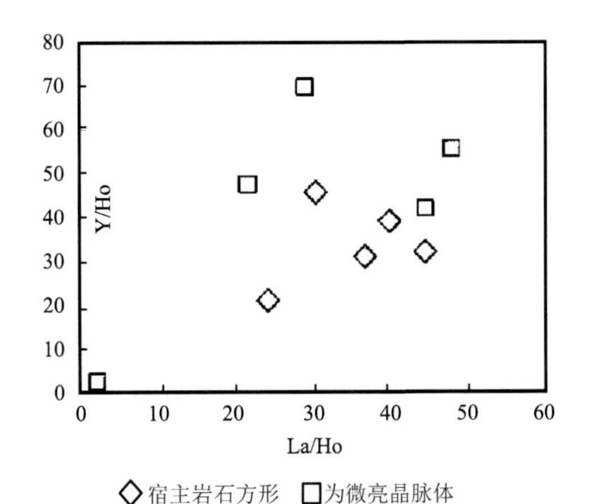

图 4-38　臼齿构造碳酸盐岩微亮晶与基质 Y/Ho-La/Ho 比值图解

皖北张渠组臼齿构造碳酸盐岩微量晶脉体与宿主岩石均存在 δCe 的负异常，且脉体 δCe 的负异常略高于宿主岩石（脉体 δCe 为 0.88，宿主岩石 δCe 为 0.96）。研究表明，Ce 具有稀土元素最不稳定的 4f 亚层结构，且在一定的 Eh、Ph 范围内，Ce^{+3} 很容易氧化为 Ce^{+4}，形成 CeO_2 而沉淀，从而导致热液体系中 Ce 的亏损。同时在 Ce 亏损的程度上，一般 Ce 在开阔的大洋亏损严重，在浅海以及边缘海则有轻度的亏损（亨德森，1989；王中刚等，1989），与文献（冯乐等，2015；旷红伟等，2004）关于臼齿构造碳酸盐岩均发育在陆棚—缓坡—台地边缘相沉积的结论相一致。

皖北新元古代贾园组地层沉积环境与华北板块南缘弧后伸展和热液活动有关（严贤勤等，2006），根据皖北倪园组发育的硅质结核 Eu 异常遗迹、九顶山组热液活动形成的硅质岩结核（陈松等，2010），可以推断皖北新元古代在弧后伸展构造发育的条件下，产生热液活动，从而导致张渠组地层臼齿构造碳酸盐岩的发育（图 4-39）。

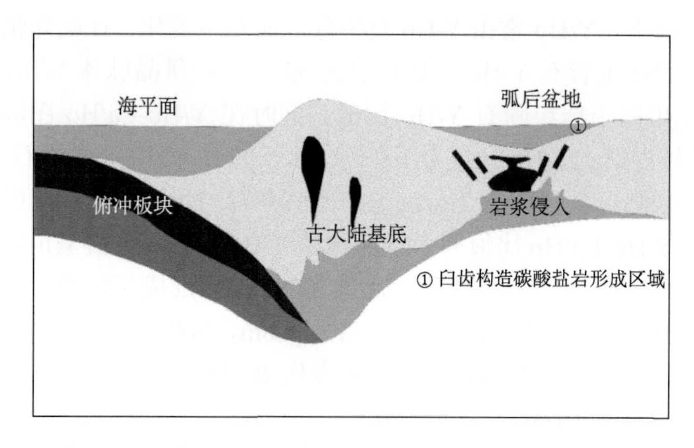

图 4-39　皖东北部新元古代臼齿构造碳酸盐岩成因示意图

三、震积岩成因

古地震形成的震积岩在磬云山新元古代地层中广泛分布，主要集中分布倪园组下段上部—倪园组上段下部、九顶山组、张渠组上段—魏集组下段层位。近三十多年来，根据沉积岩层中特殊沉积岩或沉积构造以及微断层来识别古地震事件的研究成果不断出现，中国地质科学院乔秀夫研究员、南京大学潘国强教授、合肥工业大学洪天求教授等专家曾对古地震事件做过专门研究。

乔秀夫和高林志（1999）在对华北地区中新元古代地质时间的研究中指出，元古代存在 8 个地质活跃期，即 1600Ma B.P.为第一个地震活跃期，1400Ma B.P.为第二个地震活跃期，1200Ma B.P.为第三个地震活跃期，850Ma B.P.左右为第四个地震活跃期， 650～600Ma B.P.之间可识别出 4 个地震活跃期。频繁的地震为砂粒液化提供了动力条件。实验证明，10～100μm 的砂粒更容易液化（乔秀夫和李海兵，2008；冯先岳，1989）。磬云山震积岩的存在说明该地区新元古代并非是一个构造稳定时期。南京大学潘国强教授通过对该区新元古代沉积学与层序地层学的研究结果表明，新元古代海平面有过多次明显的升降变化，并导致沉积环境的改变。地震活动往往出现在海平面上升时期，地震活动引发海平面上升，这一现象在现代强烈地震的观察中已得到证实。强烈地震会引发沉积物的液化和水下滑塌，地震—海啸时期将出现在低能背景下的高能沉积。因此，磬云山新元古代内的特殊沉积与沉积构造，包括液化脉、水下滑塌沉积、板状砾屑沉积、“袋状冲沟”强烈冲刷侵蚀构造、包卷层理等应与强烈地震有关。中国地质科学院乔秀夫研究员指出中朝板块内部存在一条新元古代地震带，沿吉林南部、辽东半岛、山东中部及苏皖北部分布，即古郯庐地震断裂带。古郯庐地震断裂带将中朝板块裂解为华北块体与胶辽朝块体，是新元古代时期 Rodinia 超大陆裂解的响应，但该地质遗迹具体形成时间及方式还有待于进一步探索确认。

四、喀斯特地貌成因

磬云山地区新元古代地层主要为碳酸盐岩，且以中厚层和薄层交互出现，有利于地下水的运移，从而导致研究区内喀斯特地貌广泛发育，形成地表出露的石芽、羊背石群等地貌特征。

磬云山地区喀斯特作用的发育受两个因素控制，即构造因素和地层因素。本区为逆冲推覆系统的后缘带，以近北东走向的宽缓褶皱为特征，形成了低山丘陵-平原相间的布局，低山和丘陵周边普遍被第四纪地层覆盖。在宽缓褶皱的翼部，如山脚下坡地、坡台地等部位，地层产状较为平缓，溶蚀作用发育充分，地表石芽和地下被第四纪覆盖的石芽均非常发育。另外，该区的地形起伏不大，有利于风化物质的堆积和土壤的形成。同时，缓坡地形又使覆盖层不至于堆积过厚，有利于岩土接触带地下水的水平流动，非常有利于喀斯特作用的进行。因此，在一些地貌部位常形成强烈溶蚀带，而形成典型的北方低矮喀斯特地貌特征及造型各异的灵璧石。

第三节　地质遗迹资源科学意义

磬云山国家地质公园是以其典型岩石（观赏石）和独特地貌景观类地质遗迹为主要特色，融合丰富的人文景观而构成的地质公园。独特地貌景观类地质遗迹主要包括臼齿构造碳酸盐岩、古生物遗迹、古地震遗迹、古采坑遗迹、喀斯特地貌等。公园地学意义主要体现在以下几个方面：

一、沉积岩石学意义

灵璧石从岩石学的角度定义为主产于安徽省灵璧县及其周边地区，以新元古代灰岩为主的沉积岩类，包括珍珠石、白灵璧石、磬石、纹石、叠层石、彩石及其他造型石等种类。灵璧石作为观赏名石，堪称天下一绝，在国内乃至国际罕见，是特定地质历史时期和特定地质环境的产物。不同类型的灵璧石，其矿物组分大致相同，但其结构构造不同，沉积岩相不同、形成机理不同，具有不同的岩石指向意义。如磬石为何能敲出八个音符？纹石表面为何会形成多种形态的纹理？图案石上千奇百怪的图案是如何形成的？造型独特的造型石又是在怎样的沉积环境中塑造出来的？如此众多现象均对沉积岩石学的研究提出了课题。灵璧石的形成过程中蕴含了大量的科学问题，有些至今仍是地球科学之“谜”，具有很高的科学研究价值。作为天下第一的观赏名石，灵璧石的矿物成分分析、沉积构造及沉积环境的解析对于沉积岩石学的研究具有重要的参考价值（图 4-40）。

图 4-40　规模宏大的磬石层

图片来源：朱洪　摄

二、地层古生物学意义

1. 臼齿构造

公园内广泛分布碳酸盐岩地层，产状平整，其中发育的臼齿构造及埋藏的古生物化石遗迹对于沉积岩相、古环境及地层学研究方面具有重要意义。

磬云山沉积岩中发育的臼齿构造除具有广泛的岩石学意义外，更具有全球地层对比意义。臼齿构造是指发育在古元古代至新元古代，赋存于浅水潮下带碳酸盐岩中的一种特殊沉积构造，以发育一系列垂直或倾斜，且互相连接的肠状或网状裂缝和裂隙或球体为特征，这些裂缝和裂隙由等粒、均匀且交错排列的微亮晶方解石充填，在形态上类似大象臼齿的褶皱表面。该沉积构造的成因至今仍是地学上的不解之谜。此外，磬云山地区新发现的在碳酸盐岩中发育的龟甲状、网状及放射状臼齿构造，在现有的国内外文献中尚未见报道，具有重要的地球科学研究价值。臼齿构造这一独特构造在世界上多个地方、多个时期均发现，但主要产生于砂岩或者页岩地层中，在碳酸盐地层中极少出现。如摩洛哥的砂岩中发现的龟甲状结核，原名 Septarian Nodules（Concretion），岩石中发育的白色条带主要矿物成分为方解石，与本区内发育的沉积构造相似，但由于宿主岩石的不同，其形成成因会存在差异（图 4-41）。

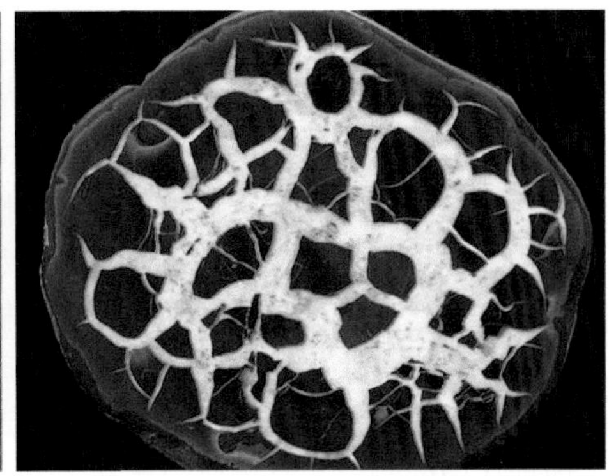

（a）臼齿构造（磐云山，碳酸岩）　　（b）龟甲状结核（摩洛哥，砂岩）

图 4-41　磐云山地区臼齿构造对比图

研究区内具特殊沉积构造的碳酸盐岩研究，科研意义重大。这些碳酸盐岩是前寒武纪特定时限的化学沉积作用形成的，充当着前寒武纪生物学和地球化学事件的关键性标志，它们的消失标志着新元古代碳含量的明显升高，是生物圈演化的一个重要环节，是打开神秘生命宝库的钥匙；同时它们又具有特殊的地层学意义，是探索地球早期大气、海洋、碳酸盐沉积物的物理化学演化的重要研究对象。为此，联合国教科文——国际地科联 IGCP 委员会 2001 年启动了以中国地质大学孟祥化教授为主席，加拿大 Darrel Long 教授和法国 Robert Bourrouilh 教授为副主席的国际地质对比计划项目 IGCP447，即“全球前寒武纪微亮晶灰岩：元古代碳酸盐臼齿构造的全球意义”。该项目对中国华北（包括灵璧地区）、北欧、俄罗斯、北美开展对比研究。

2. *叠层石*

灵璧石中珍贵的叠层石类是产于寒武纪以前地层中的常见化石，它是前寒武纪地层时代和对比的理想“候选”角色。灵璧石中的蜿螺石、金钱石、龙鳞石等均属于叠层石类观赏石类型。早在 1978～1980 年，有关专家学者已对本区域叠层石进行了划分描述，共描述了 20 个群及 43 个形，并开展了一系列广泛的考察，探讨了其所处的古环境及演化过程，分析其区域地层对比的意义。

据资料分析，磐云山地区叠层石大部分可与华北新元古界蓟县层型剖面及辽东辅助层型剖面的青白口系叠层石的组合相对比，华北新元古代蓟县系的叠层石组合代表了其鼎盛时期的面貌，新元古代大冰期之后的华南晚元古代震旦系叠层石组合则是其衰退的写照。这对于我国元古宙叠层石演化过程及元古宙地层划分与对比都具有重要的科学意义，是中国乃至世界叠层石研究的重要组成部分。

3. 珍珠石

珍珠石是灵璧石另一重要种类，以岩石表面发育有特殊的球状体或次球状体为特征，这些球状体及次球状体，或孤立分布，或几个聚集分布，单个球体大小为 5～25 mm。中国地质大学梅冥相教授认为这些球状体具有明显的边缘带和髓部结构，边缘带宽度为 1～2mm，并显示出密纹构造的特点，是一种宏观藻类化石的钙化实体，不存在解剖学意义上的根茎叶分化。显然，这是探索前寒武纪真核生物的起源与演化的宝贵的实际材料。

磬云山国家地质公园中上述地质遗迹均对于地层的划分、古生物的演化以及古地理环境的研究具有重要的意义。

三、岩溶地貌学意义

磬云山地区广泛分布的岩溶地貌是表层喀斯特地貌现象的典型代表，地貌上表现为羊背石、石芽等溶蚀地貌，出露深度较浅，需表土清理才能完全展现出溶沟、溶槽、石芽、羊背石全貌。20 世纪 80 年代，中国地质科学院岩溶地质研究所袁道先院士首先将表层喀斯特作用概念引入我国，是指区域地表或土层以下侵蚀基准面以上的可溶性岩石，由于受含有来自土壤或大气中 CO_2 的流水溶蚀作用，在化学反应与机械破坏的共同作用下，被强烈溶蚀，形成各种喀斯特个体形态和微形态，并组合构成各种不规则的地貌现象。灵璧石就是表层喀斯特作用下形成的个体形态和微形态的典型代表。因此，磬云山地区岩溶地貌对于表层喀斯特作用研究以及岩溶地貌学的拓展研究具有重要意义。

四、地震学意义

古地震遗迹——震积岩在公园内地层露头上分布较多。震积岩岩石表面特征扑朔迷离，形态多样。磬云山国家地质公园内震积岩表面主要有液化脉、具“袋状冲沟”的强烈冲刷侵蚀构造、塑性砾屑层、震碎角砾岩、阶梯状同生小断层等类型。目前对于区内该地质遗迹仅做了分类分形工作，仅确定其构造背景是华北板块俯冲影响下地震发生背景，具体的形成机理和形成时间并没有一致的认识，还需进一步探索研究。毫无疑问，这些古地震遗迹是地震信息的存储器，是研究地史时期中地震作用的唯一对象，这对于研究古地震所引起的地壳变形、断裂构造活动、火山活动、沉积物改造等作用具有重要意义，而且对现代地震观测方法研究也具有参考价值。

五、构造地质学意义

园区在构造上位于华北板块东南缘，东临郯庐断裂，其现今的构造格局主要受控于印支期扬子板块和华北板块碰撞所导致的北西向挤压作用，由此形成了一系列不同级别、不同形态、不同性质的构造形迹。宏观上显示为宽缓的背向斜构造，在公园局部可观察到大型的以断层角砾岩、重结晶方解石为主要体现的逆冲推覆或平移断层，同时可观察到大型节理延伸及小型岩层挠曲现象，多方向剪切节理发育，构造序次及演变机理尚不清楚。目前该区域的区域构造地质研究资料较少，园区内分布较广的构造形迹可为区域地质构造活动提供证据，具有地学研究、教学实习和科普教育的意义。

第四节　地质遗迹资源对比

一、典型岩石对比

1. 国内对比分析

目前，国内尚无真正意义上以典型观赏石为主题特色的国家地质公园。国内现存以奇石为主题的国家地质公园，奇石的形成多与风化、溶蚀作用或地质构造改造有关，一般形成大型峰丛、石林景观，观赏时只可远观，如云南石林国家地质公园、湖南张家界砂岩峰林国家地质公园、大连滨海国家地质公园、内蒙古克什克腾国家地质公园等。而磬云山国家地质公园中典型观赏石——灵璧石可分为自然景观观赏石、园林庭院观赏石、室内观赏石，形态大小不一，既有远观的大型观赏石，又有近观的室内精品，集形奇、纹妙、色美、质精等特点于一身，名列中国四大观赏名石之首。

灵璧石不仅具有重要的地学价值，更具厚重的文化历史价值。1950年在河南安阳殷墟中出土的“虎纹石磬”横长84cm，纵高42cm，经鉴定是由灵璧石制作的殷王室使用的典礼重器，被列为国宝，现被中国历史博物馆收藏。北京人民大会堂东大厅地面中轴线、墙体、大会堂外数十个巨大抱柱莲花基座均为采用灵璧石材铸就。全国政协送给香港特别行政区回归祖国的重要礼物——《中华人民共和国香港特别行政区基本法》石刻、百米长屏也均选自灵璧磬石石材并在灵璧开采加工和镌刻完成。因此以灵璧石为特色建立磬云山国家地质公园为国内以奇石景观为主题的国家地质公园增添重要的一页篇章，赋予奇石景观旅游厚重的历史文化色彩。

2. 国际对比分析

目前，国际上地质公园类型多样，但尚无以典型观赏石为主题的地质公园。

灵璧石作为中国“四大名石”之首，不但具有重要的地质遗迹特色，更体现了中国源远流长的历史文化。灵璧石的开采制作历史可追溯到三千年前，与中国历史文明的发展息息相关，灵璧石身上体现了浓厚的中国历史文化，与此同时，其成因引发了地质界的大讨论，其形、音、色、纹等特质是如何形成的？仍是国内外地学界研究的兴趣所在。因此，建立以灵璧石为主题的磬云山国家地质公园不仅是地学研究的需要，更是中国文化传扬的需要。

二、臼齿构造对比

1. 国内对比

臼齿构造这一术语是 1885 年由加拿大地质学家 Bauerman 研究加拿大-美国边境的蒙大拿州西部的 Belt 超群时引入地质文献。其是指发育在前寒武纪细粒碳酸盐岩中具有肠状褶皱、微亮晶填充的构造，具有一定的时空限制，一般发育在中、新元古代。早在 20 世纪 80 年代，我国在吉辽地区就发现该种特殊沉积构造。目前，国内发现该种沉积构造地区主要位于辽宁复州、旅大，徐淮地区及滇中昆阳群等中新元古代地层中。磬云山国家地质公园位于华北地块东南缘，园内发育的臼齿构造碳酸盐岩形态多样，姿态万千，特别是放射状、同心圆状等形态臼齿构造，十分特殊，成因解释尚存异议，也是国内臼齿构造碳酸盐岩地层对比的重点，科研价值显著。

2. 国际对比

臼齿构造在全球五大洲均有发现，包括加拿大、美国、澳大利亚、俄罗斯、印度、中国等多个国家，其成因机理至今仍未有定论，是地质学界讨论的热点。目前，磬云山国家地质公园内新发现碳酸盐岩中龟甲状、网状及放射状等多种形态的臼齿构造，在现有的国内外文献中尚未见报道，具有重要的研究价值。世界上发现的这一构造多数位于砂、页岩中，虽然其中的白色条带主要也是方解石，但由于宿主岩石的不同，其成因也会存在差异。

因此，磬云山国家地质公园将为国际上臼齿构造碳酸盐岩的国内外合作研究提供重要场所。

三、叠层石对比

1. 国内对比

叠层石是前寒武纪未变质的碳酸盐沉积中最常见的一种“准化石”，由于其形成条件严苛，具有重要的古环境指向意义。从新元古代叠层石丰度和多样化程度看，磐云山国家地质公园内叠层石略逊于代表叠层石鼎盛时期的华北蓟县及辽东青白口系叠层石组合，但明显高于代表衰退时期的华南震旦系叠层石组合。因而，开展磐云山国家地质公园内叠层石研究，是对我国新元古代叠层石研究的重要补充，有利于从中国全境把握新元古代古环境演化及元古宙地层划分与对比。

2. 国际对比

国际上叠层石分布分散。目前已知在澳大利亚、北美和南非三个不同大陆的11个地点发现了太古宙的叠层石，其年龄都在25亿年以上。最古老的叠层石发现于距今约28亿年前的南非布拉瓦白云岩中，现代叠层石主要分布于北美哈马群岛和西澳大利亚沙克湾。磐云山国家地质公园内叠层石组合面貌、造礁规模及多样化程度说明该区叠层石组合形成于新元古代大冰期之前的叠层石繁盛期，与国际叠层石对比，其层位大致可与俄罗斯上里菲系及澳大利亚苦泉组的叠层石组合对比，反映了从海侵到海退的沉积环境演变过程，说明该区域长期处于炎热气候浅海-潮坪环境，其是国际叠层石组合研究的重要组成部分，具有重要的地层及古环境指向意义。

四、震积岩对比

1. 国内对比

震积岩是岩层中保留地震灾变事件记录，如某些液化脉、岩层内部的柔褶层、角砾岩及岩层内的fault-graded等。国内震积岩研究现状分为三个阶段：一是宋天锐（1988）研究北京十三陵地区中元古界雾迷山组碳酸盐岩，建立的地震—海啸序列，此序列中没有液化单元；二是吴贤涛和尹国勋（1992）研究四川峨眉晚侏罗世湖泊沉积，建立的碎屑岩原地系统的地震液化序列，该序列强调了均一层与微断层在震积岩序列中的意义；三是20世纪90年代初期乔秀夫等（1997，1996，1994）在华北地台东部震旦系中建立的，包括原地系统与异地系统的地震液化序列和由海啸引起的津浪丘状层与碳酸盐浊积岩序列。磐云山国家地质公园位于华北板块东南缘，园内震积岩属于乔秀夫等建立的原地系统液化序列，记录了该区域古地震痕迹，但至今该区域震积岩形成时限仍有较大分歧，是国内地学界的研究热点。因此，磐云山国家地质公园古地震遗迹具有重要的地学研究意义。

2. 国际对比

国际上，震积岩（seismite）一词首先由A.Seilacher于1969年提出，原意是指一个构造活动区未固结的水下沉积物受到地震活动改造再沉积的沉积层。1984年，Spalleta等通过对意大利东北卡尼克地区泥盆系碳酸盐岩台地边缘的研究，提出了自碎角砾（autoclastic breccia）的概念，认为其是识别震积岩的一个重要标志。同年，Seilacher 在对比了现代和古代震积成因的沉积物后，提出以递变断裂层、圩褶皱纹理和均一层作为震积岩成因的标志性沉积建造，并首次建立了震积岩标准序列，开启了现代震积岩研究的高潮。磬云山国家地质公园内的震积岩不仅是中国震积岩的一分子，更是世界震积岩研究中不可或缺的一件标本。

五、古采矿遗迹对比

2004 年通过考古和论证，历尽千年，几近淤平的灵璧石宋代采坑遗址被人们发掘，现已成为安徽省省级文物保护单位。目前国内外无一家地质公园内保存有此类似地质遗迹。宋代灵璧石采坑是一处重要的历史遗迹，显示了灵璧石悠久的开采利用历史。其对研究古代采石工艺、工序、工具有着极其重要的意义，具有较高的历史人文价值。

综上所述，灵璧石是一种珍贵的地质遗迹，其中广泛存在的臼齿构造，一直是地学研究的热点和未解之谜。灵璧石的观赏、收藏历史源远流长，其历史文化意义更不是一般奇石相比拟的。园区内臼齿构造碳酸盐岩、叠层石、震积岩等在国内外研究中具有不可或缺的价值。古采坑遗迹更是彰显了悠久的历史文化，对古采石工艺研究有极大价值。由此可见，以臼齿构造碳酸盐岩、震积岩、叠层石等独特地质遗迹以及观赏石为主题的磬云山国家地质公园，在我国具有独特性、稀缺性，地球科学意义重大，在我国国家地质公园建设体系中具有不可替代性。

第五章　地质遗迹资源评价方法及应用

对地质遗迹资源的数量、规模、质量、结构、分布及开发潜力等进行综合评价，是实现地质公园科学规划、建设和管理的重要手段。目前，在众多地质遗迹资源评价方法中，层次分析法（AHP 法）具有明显的优越性。AHP 法是一种从定性分析到定量评价的典型系统工程方法，通过在灵璧磬云山地质遗迹资源评价中的应用，效果理想。

第一节　地质遗迹资源评价方法

一、地质遗迹资源评价概念

地质遗迹是一种不可再生资源，是人类认识地质现象、推测地球演变机理的重要依据。地质遗迹如果遭到破坏就永远不可能恢复，也就失去了研究地质作用过程和形成原因的实际资料，所以地质遗迹资源亟须开发与保护。只有对地质遗迹资源进行科学有效的评价，才能实现合理的开发和保护地质遗迹资源，带动当地旅游经济发展，提升普通民众对地质知识的了解。

地质遗迹资源评价是对区域内地质遗迹资源的数量、规模、质量、结构与分布及开发潜力等内容进行综合评价，为地质遗迹资源保护与开发做出合理规划，确定有效的保护方式，为地质公园建设提供科学依据（李烈荣等，2002）。

地质遗迹资源评价作为一个新兴业务，其理论体系多样，不同的专家提出了各种不同理论系统。目前大部分地质遗迹评价方法只考虑地质遗迹本身特性，对地质遗迹开发外部条件考虑不全面或忽略外部开发条件对地质遗迹开发与保护的影响，特别是忽略了地质遗迹所在区域经济水平、政府政策及与相邻旅游地关系等影响因子。地质公园作为地质遗迹开发与保护的载体，只有地质公园健康发展，才能实现地质遗迹开发与保护的长效性。地质公园的建设和管理并不仅仅是地质遗迹开发与保护，它更是当地旅游资源的一部分。只有充分发挥地质旅游资源功效性，才能实现公园的健康发展，促进地质遗迹保护工作的持续开展。

二、国内外评价方法概述

1. 国内研究现状

目前国内地质遗迹评价方法主要包括定性和定量两种评价方法。定性评价是评价者根据自身经验和知识对地质遗迹资源价值进行文字性描述和分析。如卢云亭（1988）的“三三六”评价体系和黄辉实（1985）的“六字七标准法”。1998年国土资源部制定的国家地质公园评审标准和评审方法中，确定了从自然属性（如典型性、稀有性、自然性、优美性、系统性和完整性），可保护属性（面积适宜性、经济和社会价值、科学价值）和保护管理基础工作（机构设置和人员配置、边界划分和土地权属、基础工作和管理条件）三个方面进行评估计分（陈从喜，2004）。因此，定性评价分析内容主要从地质遗迹资源自然属性和景观价值两个方面进行。定性评价具有简单明了、特征突出的特点，可在较短的时间内得到较为客观和普遍认可的评价结果。但此方法与评价者的工作经验及知识水平有很大关系，评价结果带有很大的主观性和局限性。不同的评价者对同一地质遗迹资源可能出现不同的评价结果。国内大部分省级地质公园及早期少数国家地质公园均采用此种评价方法。如吴跃东和向钒（2007）等通过对安徽“两山一湖”地区地质遗迹资源调查研究，从其开发潜力和开发价值方面对区内地质遗迹资源进行了定性评价。吴维平等（2010）从地质遗迹资源科学价值、科普教育价值、美学观赏价值、社会价值等 4 个方面对安徽天柱山国家地质公园内地质遗迹资源进行了定性评价。

定量评价是指通过对评价指标体系的选择，借助统计学、系统工程等工具建立地质遗迹资源评价模型从而进行科学的多因子综合评价，包括模糊数学方法（杨汉奎，1987）、灰色多层次评价法（王晓艳，2008）、CVM 非使用价值评估法（郭剑英，2005）、层次分析法（AHP）（Satty，1980）等。近年来，地质遗迹定量评价成为主流趋势，许多学者参与到地质遗迹定量评价方法研究中。如郝俊卿等（2004）以陕西洛川黄土地质遗迹为例，利用模糊数学综合评判法进行地质遗迹保护性和利用性评价，得出该处地质遗迹资源保护程度属于中等水平，利用程度属于差水平，地质遗迹资源在利用与保护方面存在明显的不协调性。庞淑英等（2004）以云南三江并流带地质遗迹为例，采用数据挖掘技术中的“概念分层”和改进的“德尔菲法”构建了旅游地质资源各评价层因子的星形数据库模式对云南三江并流带地质遗迹进行评价。郭建强（2005）提出在建立由综合评价层、项目评价层和因子评价层等三个层次指标组成的评价体系进行地质遗迹评价。方世明等（2008）将评价指标体系划分为资源景观价值和资源开发利用条件，利用层次分析法计算各指标体系的权重，指出资源景观价值权重为 70%，资源开发利用条件权重为 30%。在定量评价方法中，层次分析法（AHP）法应用最为广泛。如罗伟等（2013）通过层次分析法，建立由自然属性、价值属性和外部条件 3 大类组成的综合评价指标体系进行地质遗迹评价；丁园婷等（2014）从自然属性、价值属性、保护条件，景观特征、开发条件 5 个方面构建地质遗迹评价指标体系进行河南关山国家地质公园地质遗迹评价。丁婷等（2010）在对灵璧石进行河流分类的基础上，按照稀缺性、观赏性和实用性等维度，通过评分法对灵璧石进行分级，为灵璧石资源质和量的评价提供了参考。

定量评价相较定性评价具有更大的客观性，且在同一评价指标体系中，不同的评价者能获得基本一致的地质遗迹评价结果，但与此同时，不同的评价指标体系的选择对评价结果存在较大影响。

2. 国外研究现状

国外学者对地质遗迹资源研究主要集中于地质遗迹分类及其保护措施理论等方面，对地质遗迹资源评价研究相对较少。国外地质遗迹资源评价更注重的是地质遗迹的科学意义及分类保护，对资源的美学价值和观赏价值并不太看重，但对环境质量要求较高。

目前欧美各国各自形成相应的地质遗迹管理登记办法，建立信息数据库，并进行分级管理。且欧洲国家已实现了地质遗迹信息共享化管理。地质遗迹资源评价也由相应机构统一进行。如澳大利亚针对特殊的地质、地形、古生物建立分类系统，并登记、评价；英国采用了统一地质遗迹登录办法，建立信息库，对其中有特殊意义的地质遗迹，作全面调查评级；德国对具有特殊地质意义的具有可观赏价值、具稀有性和独特性的动植物化石、岩石矿物露头、地形景观等列入保护对象开展调查与评估，有法律依据并有专门机构负责这一工作；瑞士要求每个州对地质遗迹进行登录，经描述登录选择和研究评分，确定每一个地质遗迹的重要性和价值，决定保护措施，并向社会公众提供信息。

国外学者通过对地质遗迹分类研究，探讨出地质遗迹保护的多种方法，将公园划分为不同区域进行保护建设。如 Forster（1973）利用同心圆的模式将国家公园从里到外分成核心保护区、游憩缓冲区、游憩密集区，此分区模式得到了世界自然保护联盟的认可。邹统钎（1999）提出把游客服务区集中在一个辅助性社区内，使之处于保护区的边缘地区，这种分区布局被称为“双核原则”，游客服务区和自然保护区分离能更好地控制旅游者对自然保护区的影响。Gunn（1994）提出将国家公园分成重要资源保护区、荒野低利用区、游憩分散区、游憩密集区和服务社区等五圈层分区模式，其功能分区系统为特别保护区、荒野区、自然环境区、户外休憩区和公园服务区五个部分，此模式被广泛应用于加拿大国家公园。

三、层次分析法的基本原理

1. 定义及基本原理

层次分析法英文全称为 the analytic hierarchy process，简称为 AHP 法，是美国匹兹堡大学的 Saaty（1980）在为美国国防部研究“根据各个工业部门对国家贡献大小进行电力分配”的课题时，提出的一种层次权重决策分析方法，它是从定性到定量分析的典型系统工程方法之一，将决策问题按总目标、各层子目标、评价准则直至具体的备选方案的顺序分解为不同的层次结构，然后用求解判断矩阵特征向量的办法，求得每一层次的各元素对上一层次某元素的优先权重，最后再利用加权求和的方法递阶，归一化形成各影响因素（备选方案）对总目标的最终权重，从而得出事件的定量评价（刘睿等，2003）。AHP 法是一种定量与定性相结合，将决策者的主观判断用数量形式表达和处理的方法，它既保证了定性分析和定量分析的精确性，又保证了定性和定量两类指标综合评价的统一性。AHP 法将人们对复杂系统的思维过程数学化，把人的主观判断定量化，使得各种判断要素之间差异数值化，保持人们思维过程的一致性，适合对决策结果难以直接定量计算的场合。

AHP 法基本原理是将复杂问题分解成各组成要素，把这些要素按不同属性分成若干组，形成不同层次。同一层次的要素作为准则，对下一层次的某些要素起支配作用，同时也受上一层要素的支配。将待评价的复杂系统各要素按其关联隶属关系建立递阶层次结构模型，构造两两比较的判断矩阵，求解各要素重要性的排序权值并检验、修正判断矩阵的一致性。根据建立的递阶层次结构，最终把系统分析归结为最底层相对于最高层所代表的总体目标的相对权重，从而确定相对优劣次序的排序问题（许树柏，1988）。

2. *AHP 法在我国的应用*

1982 年，天津大学许树柏教授发表了我国第一篇介绍 AHP 法的论文，把层次分析法引入我国，众多复杂且难以量化事件开始考虑应用 AHP 法解决问题。1988 年，天津召开国家 AHP 学术研讨会，推广了 AHP 法在各领域内的应用，自此 AHP 法应用到我国各行各业。

刘长颖（2011）运用层次分析法对高校科研项目进行评估，从选题必要性、技术先进性、条件的先进性及可能性、经费的合理性和成果可行性 5 个方面筛选评价因子，得出了高校科研项目评估指标权重，解决了高校科研项目评估问题。彭补拙等（2001）在定性分析长江三角洲土地资源现状特征和可持续利用目标基础上，运用层次分析法对区域土地资源可持续利用进行定量评价，选择 36 个因素作为参评因子，建立评价指标体系，评判出区域土地资源可持续利用综合水平。付在毅等（2001）运用层次分析法对辽河三角洲主要生态风险源洪涝、干旱、风暴潮灾害和油田污染事故的概率进行了分级评价，并提出度量生态环境重要性和脆弱性的指标，完成了区域生态风险综合评价。张永平等（2008）运用层次分析法对影响武汉城市圈地质环境质量的岩石环境、土壤环境和水环境三个子系统分别进行了评价，通过分析影响各子系统的主要因子，建立了子系统层次结构模型和质量指数数学模型，得出了各子系统的质量指数，从而评价各个子系统的质量状况，对武汉城市圈地质环境质量进行了科学评价。高永利等（2009）运用层次分析法以丹通高速公路 K55+560～K120+000 路段为例对地质灾害危险性进行研究，建立了适合研究区地质灾害的评价指标体系，并利用层次分析法确定该评价指标体系中评价因子的权值，对该区域地质灾害危险性等级进行了合理划分，评价结果表明该方法具有较强的实用性。

大量应用实例表明，AHP 法在难以定量的复杂事件解决中能取得良好效果，在地质遗迹资源科学评价方面具有广阔的应用前景。

四、基于 AHP 的评价技术路线

从国内外地质遗迹资源评价研究现状可以看出，经过几十年的发展，地质遗迹资源评价方法有了很大的进步，但从整体的研究情况看，地质遗迹评价方法多样，无统一的标准，从而在地质遗迹资源分级和保护方面形成很大困扰，出现地质遗迹保护不到位或是过度保护现象。

磬云山地质遗迹调查与评价是利用 AHP 法将地质遗迹资源作为一个整体进行评价，分层次分目标筛选影响因子，建立科学的综合评价指标体系，形成有效的地质遗迹评价模式，探索基于 AHP 法建立的地质遗迹评价模型在地质遗迹资源定量化评价中的应用。

在 AHP 法基础上，针对磬云山地质遗迹资源，建立总目标层、评价综合层、评价项目层、评价因子层 4 个层次的评价指标体系，筛选影响地质遗迹开发与保护的影响因子，划分主要地质遗迹资源等级，制定地质遗迹保护措施，为地质遗迹资源保护利用与地质公园建设提供科学依据。

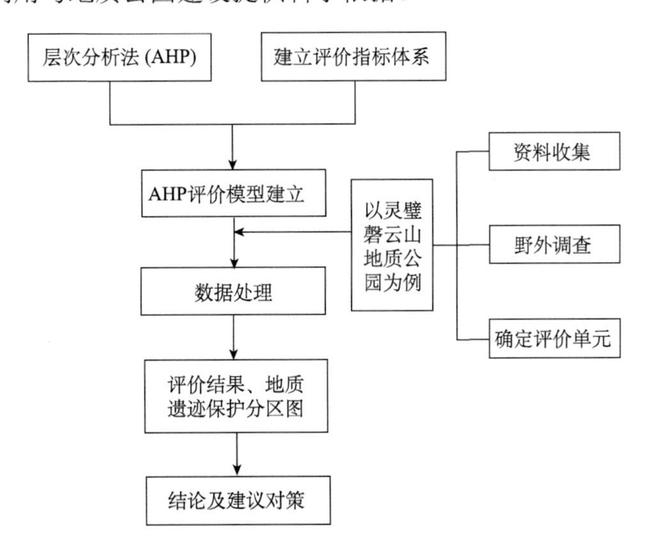

图 5-1　技术路线图

（1）评价指标体系与标准

以国土资源部颁布的国家地质公园建设标准为基础，对其中明确要求的因子进行排序和扩充，构建磬云山地质遗迹的评价指标体系。

（2）AHP 综合评价模型

运用 1～9 比例标度法，通过专家打分与问卷调查相结合方法，求解各个评价指标的权重，并进行一致性检验，最终确认影响研究对象的各个评价指标的权重，实现定量评价与定性评价的统一。具体技术路线见图 5-1。

第二节　地质遗迹资源评价模型

一、模型结构

根据研究对象的实际情况，首先分析影响评价对象要素，筛选评价影响因子，并对各要素按其隶属情况分类组合，形成层次结构模型。在这个模型下，评价对象被分解为各要素的组成部分，这些要素又按其特点及关系形成若干层次，上一层次要素作为准则对下一层次该要素相关的各要素起支配作用。同一层各要素隶属于上一层要素，并对上层要素有影响，同时又支配下层要素或受下层要素影响。通常层次模型分为 3 层：目标层、准则层（可多层）及方案层（图 5-2）。

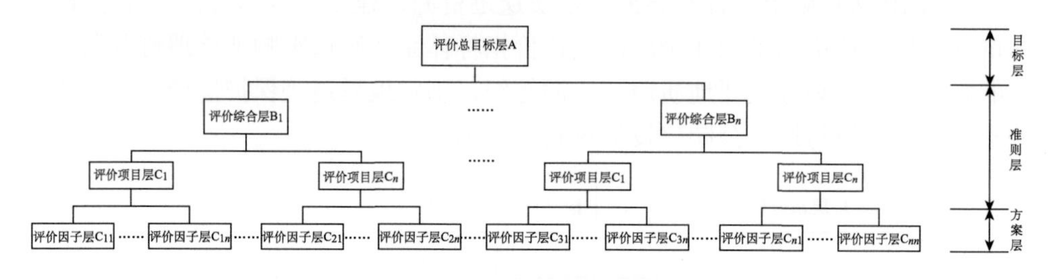

图 5-2　层次结构模型图

目标层：该层只有一个元素，是复杂问题的预定目标或理想结果；

准则层：该层包含了为实现目标所涉及的中间环节，包括为实现目标所需考虑的准则和子准则，可以由若干个层次组成；

方案层：该层包含为实现目标可供选择的各种措施或实施方案。

二、判断矩阵

各评判要素作为评价对象的组成部分，在决策者心中所占比例不相同，这就需要对各组成部分进行统一排序，得出各部分在评价对象中所占权重，但往往很难量化各因素所占影响大小。另外，当影响评价对象的评价因子过多时，直接考虑各因子对事件有多大程度影响，常常会出现考虑不周全、顾此失彼，出现决策者提出的与实际不一致的数据，甚至有可能出现隐含矛盾的数据。因此，磬云山地质遗迹资源评价设计了地质遗迹调查及评分表，邀请地质专家及游客进行问卷调查，对同一层中各要素进行两两比较，对各评判因子的相对重要性给出一定判断（朱洪，2014）。此次运用 1～9 的比率标度法来进行两两要素间的相对比较（表 5-1）。

表 5-1　因子相对重要性数值（1～9 比率）

标度	含义
1	表示因素 v_i 与 v_j 相比，具有同等重要性
3	表示因素 v_i 与 v_j 相比，v_i 比 v_j 稍微重要
5	表示因素 v_i 与 v_j 相比，v_i 比 v_j 明显重要
7	表示因素 v_i 与 v_j 相比，v_i 比 v_j 更为重要
9	表示因素 v_i 与 v_j 相比，v_i 比 v_j 极端重要
2,4,6,8	上述两相邻判断之中值
倒数	因素 v_i 与 v_j 比较得到判断 v_{ij}，则 v_j 与 v_i 因素比较判断 $v_{ji}=\frac{1}{v_{ij}}$

通过各因子间两两比较，构造出某一层次各要素相对于上一次层次某要素的判断矩阵 $\boldsymbol{B}$。

$$\boldsymbol{B}=\begin{bmatrix} v_{11} & v_{12} & \cdots & v_{1m} \\ v_{21} & v_{22} & \cdots & v_{2m} \\ \vdots & \vdots & & \vdots \\ v_{m1} & v_{m2} & \cdots & v_{mm} \end{bmatrix} \tag{5-1}$$

三、层次单排序

在建立判断矩阵后，需对每一个判断矩阵计算最大特征值 $\lambda_{\max}$ 及相应的特征向量。如对于判断矩阵 $\boldsymbol{B}$，假设 $\boldsymbol{W}$ 为矩阵 $\boldsymbol{B}$ 最大特征根所对应的特征向量，利用线性代数可确定 $\boldsymbol{W}$。然后，经过归一化后求得出各因素的权重值，在此基础上求出最大特征根 $\lambda_{\max}$。由于线性方程阶数较高，可以采用平方根法、求和法或幂法近似求解。磬云山采用幂法求解，步骤如下：

第一步，任取初始正向量 $X=(x_1, x_2, \ldots, x_m)^{\mathrm{T}}$，计算

$$m = \|X\|_{\infty} = \max_{i}\{x_i\} \tag{5-2}$$

$$Y = X/m \tag{5-3}$$

第二步，迭代计算，对 k=0，1，2，…计算

$$X^{(k+1)} = \boldsymbol{B}/Y^{(k)} \tag{5-4}$$

$$m_{k+1} = \left\|X^{(k+1)}\right\|_{\infty} = \max_{i}\{x_i^{(k+1)}\} \tag{5-5}$$

$$Y^{(k+1)} = X^{(k+1)}/m_{k+1} \tag{5-6}$$

第三步，精度检查

当 $|m_{k+1} - m_k| < \varepsilon$ 时，转入步骤四；否则，令 k=k+1，转入步骤二。

第四步，求最大特征值和对应的特征向量，将 $Y^{(k+1)}$ 归一化，即

$$\boldsymbol{W} = Y^{(k+1)} \Big/ \sum_{i=1}^{m} y_i^{(k+1)} \tag{5-7}$$

$$\lambda_{\max} = m_{k+1} \tag{5-8}$$

在计算出 $\boldsymbol{W}$ 及 $\lambda_{\max}$ 后，还需要对矩阵进行一致性检验，这是由于客观事物的复杂性及决策者对事物认识的片面性，造成判断矩阵并不一定是一致性矩阵（胡瑞平等，2009），当判断偏离一致性过大时，会造成判断偏差。因此，在求得最大特征值 $\lambda_{\max}$ 后，需要进行一致性和随机性检验，检验公式为

$$CI = \frac{\lambda_{\max} - n}{n-1} \tag{5-9}$$

$$CR = \frac{CI}{RI} \tag{5-10}$$

式中，CI——一致性指标；$\lambda_{\max}$——判断矩阵最大特征根；RI——平均随机一致性指标；CR——随机一致性比率。

平均随机一致性指标 RI 由大量试验给出，对于低阶判断矩阵，RI 取值如表 5-2 所示。

表 5-2　AHP 平均随机一致性指标值

阶数	1	2	3	4	5	6	7	8	9
RI	0.00	0.00	0.58	0.90	1.12	1.24	1.32	1.41	1.45

只有当 $CR < 0.10$ 时，判断矩阵才具有满意的一致性，所获权重才较合理。否则，需要调整判断矩阵，直到满足要求为止（赵焕臣等，1986）。

四、层次总排序

通过上述判断，得到的是某一层元素对其上一层元素的权重向量，但最终我们需要的是最底层方案（影响因子）对于目标事件的排序权重，从而确立最优方案。目标层次总排序权重是由准则层权重合成而成。

利用单层权重向量$\overline{W}_j=(w_j,\cdots,w_{nj})^{\mathrm{T}}$，构造组合权向量（表 5-3），并计算出组合向量的最大特征值，组合特征向量及一致性检验等数据。

表 5-3　组合权向量表

单层权向量 \ 上层层次 \ 下层层次	$B_1B_2\ldots B_n$ $v_1\ v_2\ldots v_n$	计算组合权向量 $\overline{W}=\begin{bmatrix}W_1\\ \ldots\\ W_n\end{bmatrix}$ $W_i=\sum_{j=1}^{m}v_jW_{ij}$
C_1 C_2 … C_n	$W_{11}W_{12}\ldots W_{1n}$ $W_{21}W_{22}\ldots W_{2n}$ …… $W_{n1}W_{n2}\ldots W_{nn}$	$W_1=\sum_{j=1}^{m}v_jW_{1j}$　$W_2=\sum_{j=1}^{m}v_jW_{2j}$ …… $W_n=\sum_{j=1}^{m}v_jW_{nj}$
最大特征根 $\lambda^{(i)}{}_{\max}$	和法、根法、幂法	
一致性检验 CI	$CI_j=\dfrac{\lambda^{(i)}{}_{\max}-n}{n-1}$	$CI<0.1$?
一致性随机检验 RI	RI_j 对照表	
一致性比率 CR	$CR=\dfrac{CI}{RI}=\sum_{j}^{n}v_jCI_j\Big/\sum_{j}^{n}v_jRI_j$	$CR<0.1$?

在层次单排序中虽然已经过一致性检验，各判断矩阵也已取得较为满意的一致性，但各层次组合在一起可能出现最终结果存在较严重不一致性问题，因此需要对层次总排序进行一致性检验，检验过程由高层到低层逐层进行。若通过一致性检验，组合权向量即为实现总目标的最优方案或最佳准则。若不能通过，则需要对判断矩阵进行调整直至可接受为止。

第三节　地质遗迹资源评价指标

一、评价指标筛选原则

地质遗迹评价指标体系的建立既要能够反映地质遗迹自身科学性与价值，也要能反映其开发的可能性，从而实现资源利用的最大化。因此，在构建地质遗迹资源评价指标体系时需要有一个清晰、明确的构建原则（石碧波，2005）。

1. 系统性与整体性

地质遗迹资源评价是一个复杂的系统工程，它不仅仅需要考虑地质遗迹资源本身的科学价值，还需要考虑其美学价值、社会价值、空间组合状况以及是否具有开发的条件等因素。如果一个极具科研价值的地质遗迹资源，其美学价值差、空间组合单一、开发利用条件差，无法实现科普游览目的，需要靠财政资金维持，给社会造成极大负担，无法促进地质遗迹保护的健康发展。同样如果一个景区，基础设施完备，游览性好，但地质遗迹景观普通，也就失去了保护和开发的意义。因此，评价指标体系应尽可能全面、系统地反映地质遗迹状况，囊括地质遗迹开发与利用重点考虑层面，符合评价目标内涵，避免指标之间的重叠。评价目标与指标必须有机地联系起来组成一个层次分明的整体。只有这样，才能使构建的指标体系比较全面、准确地反映区域地质遗迹的真实状况。

2. 层次性与完整性

地质遗迹评价指标体系构成复杂，涵盖内容多，科目范围广。地质遗迹的开发与保护也是多层次多方面因素综合影响而做出的决策。评价指标体系也应该从不同层次、不同方面反映地质遗迹实际情况，为地质遗迹资源开发与保护做出理论依据。因此，指标体系建立时需考虑各指标的层次关系，这样既能保证评价的完整性、科学性，也能准确反映各指标间的支配关系，从而优化方案选择。

3. 代表性与重要性

地质遗迹评价涉及多学科、多领域，因此需要从众多评价信息和评判要求中筛选出便于度量、具有代表性和重要性的指标构成评价指标体系。组成地质遗迹资源的各因素，并非每个部分都同等重要，而是存在着主要与次要之分。通过分析影响地质遗迹资源开发与利用的重要程度，筛选出主要因素，舍弃次要因素，这样既可提高地质遗迹资源评价工作的有效性，又能反映出评价结果的规律性。

4. 简明性与科学性

通常越详细、系统的评价指标体系，越能接近评价结果的真实性，但过多的评价指标，会造成指标内涵的重复和交叉，造成指标体系不能通用，只适应于单个系统评价，给实际工作带来操作难度，对问题的解决并无好处。指标体系的科学性包括三个方面：特征性、准确一致性和完备性，因此，建立地质遗迹资源评价指标体系时，在保证评价精度的前提下，应有针对性地选择有代表性的指标，避免指标之间的重叠和交叉。

二、评价指标体系结构

地质遗迹资源评价指标体系是一个多层次的递阶结构。采用目标分析的方法来建立地质遗迹资源评价指标体系，按系统分解和逐层控制的过程将目标分解，直到子目标能够用定量或定性的独立指标来衡量为止。依据上述评价指标体系建立原则，考虑影响地质遗迹资源开发与保护的各种因素，筛选地质遗迹资源评价因子。评价因子可分为自身属性和外部开发利用条件两大类。自身属性是指地质遗迹本身所具有的科学价值，包括地质遗迹自然属性和价值属性。外部开发利用条件是指影响地质遗迹资源开发与保护的外界条件，包括管理工作、区位条件、区域经济水平、客源市场条件、基础及配套设施建设、政府政策、科学研究基础等因素。

在此基础上，磐云山地质遗迹资源评价指标体系采用四层结构，分别为总目标层（*A* 层）：地质遗迹资源评价；评价综合层（*B* 层）：自身属性和外部开发利用条件；评价项目层（*C* 层）：自然属性、价值属性、区位条件等；评价因子层（*D* 层）：能够反映地质遗迹资源质量的评价因子（图 5-3）。

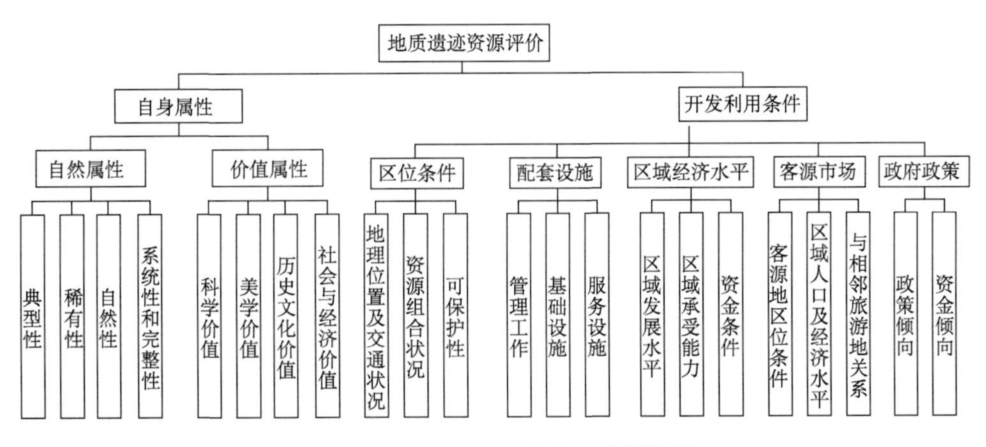

图 5-3　地质遗迹评价指标层次结构图

三、评价指标无量纲化

由于系统是由各因素组成，不同因素的物理意义不同，导致数据量纲不同，难以实现比较，故需要对评价指标做无量纲化处理。为更精确区分地质遗迹等级，磬云山地质遗迹资源评价采用旅游资源评价中常用的评价指标模糊等级划分，如对资源的稀有性可分为非常稀有（优）、稀有（良）、比较稀有（中）、一般（差）、不稀有（劣）5 个不同等级，不同等级对应不同分数（闫顺，1994），见表 5-4。

表 5-4　评价指标级别值

量化值	优	良	中	差	劣
区间值	[100,80]	[80,60]	[60,40]	[40,20]	[20,0]
区间代表值	90	70	50	30	10

根据评价指标级别值，设计地质遗迹调查与评分表，采用德尔菲法进行评价，通过专家打分来获取各地质遗迹评价值，并对各分值进行处理，取其平均值。利用罗森伯格—菲什拜因公式（徐建华，2002），计算研究区各区域地质遗迹资源综合评价值。

对于一个总目标 E，评价因子 P_i（i=1，2，…，n）的重要性可用权重 Q_i 表示（$Q>0$，$\sum Q=1$），公式如下：

$$E=\sum_{i=1}^{n} Q_i P_i \tag{5-11}$$

式中，E 为地质遗迹资源综合评价值；Q_i 为第 i 个评价因子的权重；P_i 为第 i 个评价因子的评价值，n 为评价因子数目。

为了提高评价结果的客观性、准确性、完整性和可比性，磬云山地质遗迹资源评价对评价公式进行改进，由专家、游客和社区居民共同参与对地质遗迹资源进行评价。改进后的罗森伯格—菲什拜因公式为

$$E=A\sum_{i=1}^{n} Q_i R_i+B\sum_{i=1}^{n} Q_i S_i+C\sum_{i=1}^{n} Q_i T_i \tag{5-12}$$

式中，A 为专家评价权重，取 0.4；B 为社区居民评价权重，取 0.3；C 为游客评价权重，取 0.3；Q_i 为第 i 个评价因子权重；R_i 为专家对第 i 个评价因子打分；S_i 为社区居民对第 i 个评价因子打分；T_i 为游客对第 i 个评价因子打分；n 为评价因子的数目。

四、评价指标权重确定

在上述层次结构模型基础上，确定各层评价因子权重。评价综合层中相对重要性判别矩阵见表 5-5，通过数据处理得出，本层各元素的权重为：$w_{自身属性}$=0.7500；$w_{开发利用条件}$=0.2500。同时，CR=0.0000＜0.1 ，判别结果可以接受。

表 5-5　评价综合层（*B* 层）各元素相对重要性判别矩阵

地质遗迹评价	自身属性	开发利用条件
自身属性	1	3
开发利用条件	1/3	1

“自身属性”下各评价项目层相对重要性判别矩阵见表 5-6，通过数据处理得出，本层各元素的权重为：$w_{自然属性}$=0.7500；$w_{价值属性}$=0.2500。同时，CR=0.0000＜0.1，判别结果可以接受。

表 5-6　“自身属性”下评价项目层（*C* 层）各元素相对重要性判别矩阵

自身属性	自然属性	价值属性
自然属性	1	3
价值属性	1/3	1

“开发利用条件”下各评价项目层相对重要性判别矩阵见表 5-7，通过数据处理得出，本层各元素的权重为：$w_{区位条件}$=0.2522；$w_{配套设施}$=0.4541；$w_{区域经济水平}$=0.0743；$w_{客源市场}$=0.1806；$w_{政府政策}$=0.0388。同时，CR=0.0615＜0.1，判别结果可以接受。

表 5-7　“开发利用条件”下评价项目层（*C* 层）各元素相对重要性判别矩阵

开发利用条件	区位条件	配套设施	区域经济水平	客源市场	政府政策
区位条件	1	1/3	5	2	5
配套设施	3	1	5	3	7
区域经济水平	1/5	1/5	1	1/3	3
客源市场	1/2	1/3	3	1	7
政府政策	1/5	1/7	1/3	1/7	1

“自然属性”下各评价因子层相对重要性判别矩阵见表 5-8，通过数据处理得出，本层各元素的权重为：$w_{典型性}$=0.1401；$w_{稀有性}$=0.4541；$w_{自然性}$=0.0698；$w_{系统性和完整性}$=0.3306。同时，CR=0.0652＜0.1 ，判别结果可以接受。

表 5-8 “自然属性”下评价因子层（*D* 层）各元素相对重要性判别矩阵

自然属性	典型性	稀有性	自然性	系统性和完整性
典型性	1	1/3	3	1/4
稀有性	3	1	5	2
自然性	1/3	1/5	1	1/4
系统性和完整性	4	1/2	4	1

“价值属性”下各评价因子层相对重要性判别矩阵见表 5-9，通过数据处理得出，本层各元素的权重为：$w_{科学价值}$=0.6668；$w_{美学价值}$=0.1982；$w_{历史文化价值}$=0.0898；$w_{社会与经济价值}$=0.0453。同时，CR=0.0654＜0.1，判别结果可以接受。

表 5-9 “价值属性”下评价因子层（*D* 层）各元素相对重要性判别矩阵

价值属性	科学价值	美学价值	历史文化价值	社会与经济价值
科学价值	1	5	8	9
美学价值	1/5	1	3	5
历史文化价值	1/8	1/3	1	3
社会与经济价值	1/9	1/5	1/3	1

“区位条件”下各评价因子层相对重要性判别矩阵见表 5-10，通过数据处理得出，本层各元素的权重为：$w_{地理位置及交通状况}$=0.1047；$w_{资源组合状况}$=0.6370；$w_{可保护性}$=0.2583。同时，CR=0.0370＜0.1 ，判别结果可以接受。

表 5-10 “区位条件”下评价因子层（*D* 层）各元素相对重要性判别矩阵

区位条件	地理位置及交通状况	资源组合状况	可保护性
地理位置及交通状况	1	1/5	1/3
资源组合状况	5	1	3
可保护性	3	1/3	1

“配套设施”下各评价因子层相对重要性判别矩阵见表 5-11，通过数据处理得出，本层各元素的权重为：$w_{管理工作}$=0.7143；$w_{基础设施}$=0.1429；$w_{服务设施}$=0.1429。同时，CR=0.0000＜0.1 ，判别结果可以接受。

表 5-11　“配套设施”下评价因子层（*D* 层）各元素相对重要性判别矩阵

配套设施	管理工作	基础设施	服务设施
管理工作	1	5	5
基础设施	1/5	1	1
服务设施	1/5	1	1

“区域经济水平”下各评价因子层相对重要性判别矩阵见表 5-12，通过数据处理得出，本层各元素的权重为：$w_{区域发展水平}$=0.2000；$w_{区域承受能力}$=0.6000；$w_{资金条件}$=0.2000。同时，*CR*=0.0000＜0.1，判别结果可以接受。

表 5-12　“区域经济水平”下评价因子层（*D* 层）各元素相对重要性判别矩阵

区域经济水平	区域发展水平	区域承受能力	资金条件
区域发展水平	1	1/3	1
区域承受能力	3	1	3
资金条件	1	1/3	1

“客源市场”下各评价因子层相对重要性判别矩阵见表 5-13，通过数据处理得出，本层各元素的权重为：$w_{客源地区位条件}$=0.3522；$w_{区域人口及经济水平}$=0.0887；$w_{与相邻旅游地关系}$=0.5591。同时，*CR*=0.0516＜0.1，判别结果可以接受。

表 5-13　“客源市场”下评价因子层（*D* 层）各元素相对重要性判别矩阵

客源市场	客源地区位条件	区域人口及经济水平	与相邻旅游地关系
客源地区位条件	1	5	1/2
区域人口及经济水平	1/5	1	1/5
与相邻旅游地关系	2	5	1

“政府政策”下各评价因子层相对重要性判别矩阵见表 5-14，通过数据处理得出，本层各元素的权重为：$w_{政策倾向}$=0.1429；$w_{资金倾向}$=0.8571。同时，*CR*=0.0516＜0.1，判别结果可以接受。

表 5-14　“政府政策”下评价因子层（*D* 层）各元素相对重要性判别矩阵

政府政策	政策倾向	资金倾向
政策倾向	1	1/6
资金倾向	6	1

五、评价指标体系建立

通过上述各评价因子权重的确立及综合评价层次结构模型，应用 AHP 法，通过数据处理即可得出本次地质遗迹资源综合评价指标体系，见表 5-15。

表 5-15 地质遗迹资源综合评价指标体系

总目标层	评价综合层及权重	评价项目层及权重	评价因子层及权重
地质遗迹资源定量评价	自身属性 0.7500	自然属性 0.5625	典型性 0.0788
			稀有性 0.2554
			自然性 0.0393
			系统性和完整性 0.1890
		价值属性 0.1875	科学价值 0.1250
			美学价值 0.0372
			历史文化价值 0.0168
			社会与经济价值 0.0085
	开发利用条件 0.2500	区位条件 0.0630	地理位置及交通状况 0.0066
			资源组合状况 0.0402
			可保护性 0.0163
		配套设施 0.1135	管理工作 0.0811
			基础设施 0.0162
			服务设施 0.0162
		区域经济水平 0.0186	区域发展水平 0.0037
			区域承受能力 0.0112
			资金条件 0.0037
		客源市场 0.0451	客源地区位条件 0.0159
			区域人口及经济水平 0.004
			与相邻旅游地关系 0.0252
		政府政策 0.0097	政策倾向 0.0083
			资金倾向 0.0014

其中，方案层（评价因子层）对决策目标（地质遗迹资源评价）的排序权重，见表 5-16。

表 5-16　地质遗迹资源评价因子总排序及权重

排序	备选方案	权重
1	稀有性	0.2554
2	系统性和完整性	0.1890
3	科学价值	0.1250
4	管理工作	0.0811
5	典型性	0.0788
6	资源组合状况	0.0402
7	自然性	0.0393
8	美学价值	0.0372
9	与相邻旅游地关系	0.0252
10	历史文化价值	0.0168
11	可保护性	0.0163
12	基础设施	0.0162
13	服务设施	0.0162
14	客源地区位条件	0.0159
15	区域承受能力	0.0112
16	社会与经济价值	0.0085
17	政策倾向	0.0083
18	地理位置及交通状况	0.0066
19	区域人口及经济水平	0.0040
20	资金条件	0.0037
21	区域发展水平	0.0037
22	资金倾向	0.0014

第 1 个中间层（评价综合层）中要素对决策目标（地质遗迹评价）的排序权重，见表 5-17。

表 5-17　评价综合层评价因子排序

排序	中间层要素	权重
1	自身属性	0.7500
2	开发利用条件	0.2500

第 2 个中间层（评价项目层）中要素对决策目标（地质遗迹评价）的排序权重，见表 5-18。

表 5-18　评价项目层评价因子排序

排序	中间层要素	权重
1	自然属性	0.5625
2	价值属性	0.1875
3	配套设施	0.1135
4	区位条件	0.0630
5	客源市场	0.0451
6	区域经济水平	0.0186
7	政府政策	0.0097

构建的评价指标体系表明，在地质遗迹资源评价中，地质遗迹资源的自身属性重要性＞外部开发利用条件重要性。自身属性中地质遗迹的自然属性又较其他因素重要。说明地质遗迹本身的质量是地质遗迹资源评价工作的基础，而外部开发条件是影响地质遗迹资源开发与保护工作的重要因素，也是地质遗迹评价工作中不可缺失的部分。

第四节　磬云山地质遗迹资源评价

基于建立的地质遗迹指标体系，运用 AHP 法对磬云山地质遗迹资源进行评价。本次选取公园主要地质遗迹景点为评价单元，合理界定地质遗迹资源级别，为地质遗迹资源保护与地质公园建设提供科学依据。

一、地质遗迹资源等级

参照国土资源部关于发布《国家地质公园规划编制技术要求》的通知（国土资发〔2016〕83 号）文件精神，地质遗迹景观资源划分为四个等级。

Ⅰ级：世界级（★★★★★）。能为全球演化过程中的某一重大地质历史事件或演化阶段提供重要地质证据的地质遗迹；具有国际地层（构造)对比意义的典型剖面、化石及产地；具有国际地学意义的地质地貌景观或现象。

Ⅱ级：国家级（★★★★）。能为一个大区域演化过程中的某一重大地质历史事件或演化阶段提供重要地质证据的地质遗迹；具有国内大区域地层（构造）对比意义的典型剖面、化石及产地；具有国内典型地学意义的地质地貌景观或现象。

Ⅲ级：省级（★★★）。能为区域地质历史演化阶段提供重要地质证据的地质遗迹；有区域地层（构造）对比意义的典型剖面、化石及产地；在地学分区及分类上，具有代表性或较高历史、文化、旅游价值的地质地貌景观。

Ⅳ级：省以下级（★★）。能为公园地质历史演化阶段提供重要地质证据的地质遗迹；有地方地层（构造）对比意义的典型剖面、化石及产地；在公园内具有代表性或较高历史、文化、旅游价值的地质地貌景观。

二、地质遗迹资源评价

1. 因子评分标准

根据前文中建立的评价指标体系，设计地质遗迹资源评分表，邀请专家学者、游客、社区居民进行问卷调查，按照地质遗迹资源评价因子评分标准，对各景点评价因子进行打分。为保证调查的客观性，在调查表后提供了公园情况及地质遗迹概况等内容。地质遗迹评价因子评分标准见表5-19。

2. 评价结果

（1）地质遗迹资源类型评价

根据评价因子的评分值，对各分值进行处理，取其平均值，计算出各地质遗迹点评价因子分值，见表5-20。

在获取地质公园地质遗迹类型各评价因子的评分值后，利用改进后的罗森伯格—菲什拜因公式计算评价单元内地质遗迹资源综合评价值。

根据已建立的地质遗迹评价指标体系及各评价因子权重，计算得出灵璧磬云山国家地质公园地质遗迹类型综合评价总分，见表5-21。

参照国家地质公园地质遗迹划分标准，地质遗迹资源划为4级，其中综合评价得分100～90分为世界级资源，综合评价得分89～75分为国家级资源，综合评价得分74～60分为省级资源；综合评价得分59分以下为省级以下资源。

根据表5-21评价结果，磬云山国家地质公园地质遗迹类型中，沉积岩相剖面、典型岩石、古生物遗迹、地震遗迹景观、采矿遗迹景观均属于国家级地质遗迹资源；构造行迹属于省级地质遗迹资源；岩石地貌景观、泉水景观属于省以下级地质遗迹资源。在国家级地质遗迹资源中，沉积岩相剖面以臼齿构造为代表；典型岩石以灵璧石为代表；古生物遗迹以叠层石为代表；地质遗迹景观以震积岩为代表；采矿遗迹以宋代采坑遗址为代表。

（2）地质遗迹景点评价

分别对磬云山园区和崇山园区内的主要地质遗迹景点评价因子赋分，统计地质遗迹点评价分值，统计结果见表5-22、表5-23。

根据地质遗迹评价指标体系及各评价因子权重，分别计算得出磬云山园区和崇山园区地质遗迹点综合评价总分，评价结果见表5-24、表5-25。

崇山景区中主要景点：磬石层、珍珠石、纹石采坑、臼齿构造均属于国家级地质遗迹资源；刘邦粮草库（巨型节理）、断层带岩墙、软沉积变形、双向褶皱、逆冲推覆构造、羊背石地貌均属于省级地质遗迹资源；现代采坑、盘丝洞（溶洞）等均属于地方级地质遗迹资源。因此，此次基于 AHP 法建立地质遗迹资源评价模式得出的评价结果与实际相一致。同时依此地质遗迹评价结构，本书划分了公园地质遗迹保护区分区图。国家级地质遗迹资源划为地质遗迹一级保护区，省级地质遗迹资源划为地质遗迹二级保护区，省以下级地质遗迹资源划为地质遗迹三级保护区，公园剩余区域作为公园建设发展预留区。

表 5-19　地质遗迹评价因子评分标准

评价属性	评价项目	评价因子	评价内容	评价等级				
				100～90	89～75	74～60	59～45	44～30
自身属性	自然属性	典型性	科研、教学、科普	极典型	很典型	典型	一般	低
		稀有性	世界、国内、省内	极特殊	很特殊	特殊	一般	低
		自然性	自然生态环境	很高	高	较高	一般	低
		系统性和完整性	遗迹规模、破坏情况	完好	很好	好	稍破坏	低
	价值属性	科学价值	科研、教学、科普	很高	高	较高	一般	低
		美学价值	艺术、造型、形态观赏性	很高	高	较高	一般	低
		历史文化价值	历史文化内涵	很高	高	较高	一般	低
		社会与经济价值	旅游开发可能性	很高	高	较高	一般	低
开发利用条件	区位条件	地理位置及交通状况	区位、通达、便捷	很便利	便利	较便利	一般	低
		资源组合状况	资源类型	很好	好	较好	一般	低
		可保护性	遗迹保护难易程度	易保护	能保护	可保护	较难	难
	配套设施	管理工作	机构、人员、经费	很完备	完备	较完备	一般	低
		基础设施	市政、交通、信息化	很好	好	较好	一般	低
		服务设施	旅游服务、导游	很好	好	较好	一般	低
	区域经济水平	区域发展水平	区域经济发展	很好	好	较好	一般	低
		区域承受能力	生态条件、游客容量	很好	好	较好	一般	低
		资金条件	地质遗迹保护资金、	很充裕	充裕	较充裕	一般	低
	客源市场	客源地区位条件	游客组成、来源	很广泛	广泛	较广泛	一般	低
		区域人口及经济水平	人口、经济、社会	很高	高	较高	一般	低
		与相邻旅游地关系	距离、合作、发展	很好	好	较好	一般	低
	政府政策	政策倾向	政府相关政策	很明显	明显	较明显	一般	不明显
		资金倾向	政府财政预算	很明显	明显	较明显	一般	不明显

表 5-20　磐云山国家地质公园地质遗迹类型评价因子分值统计表

评价因子	沉积岩相剖面	典型岩石	古生物遗迹	地震遗迹景观	采矿遗迹景观	构造行迹	岩石地貌景观	泉水景观
典型性	89	92	89	89	85	72	56	32
稀有性	97	98	92	95	86	68	44	28
自然性	89	92	89	89	79	85	43	35
系统性和完整性	83	88	74	75	68	76	48	30
科学价值	96	96	92	92	72	72	39	30
美学价值	92	95	83	83	71	55	38	36
历史文化价值	80	90	58	58	83	44	65	40
社会与经济价值	68	76	73	73	77	46	78	38
地理位置及交通状况	89	78	78	78	78	77	78	71
资源组合状况	66	70	69	69	61	68	48	59
可保护性	83	85	83	83	79	79	78	69
管理工作	72	74	75	75	82	73	79	36
基础设施	70	70	66	66	72	72	75	56
服务设施	66	66	62	62	68	61	64	52
区域发展水平	58	58	58	58	58	58	58	58
区域承受能力	73	73	73	73	73	73	73	73
资金条件	71	72	74	74	76	68	68	59
客源地区位条件	76	78	78	78	71	76	74	72
区域人口及经济水平	75	74	71	71	73	71	73	72
与相邻旅游地关系	70	62	66	66	68	63	52	51
政策倾向	78	82	80	80	81	78	78	45
资金倾向	74	80	77	77	72	69	73	41

表 5-21　磐云山国家地质公园地质遗迹类型评价因子实际得分、评价总分及级别

评价因子	沉积岩相剖面	典型岩石	古生物遗迹	地震遗迹景观	采矿遗迹景观	构造行迹	岩石地貌景观	泉水景观
典型性	7.0132	7.2496	7.0132	7.0132	6.6980	5.6736	4.4128	2.5216
稀有性	24.7738	25.0292	23.4968	24.2630	21.9644	17.3672	11.2376	7.1512
自然性	3.4977	3.6156	3.4977	3.4977	3.1047	3.3405	1.6899	1.3755
系统性和完整性	15.6870	16.6320	13.9860	14.1750	12.8520	14.3640	9.0720	5.6700
科学价值	12.0000	12.0000	11.5000	11.5000	9.0000	9.0000	4.8750	3.7500
美学价值	3.4224	3.5340	3.0876	3.0876	2.6412	2.0460	1.4136	1.3392
历史文化价值	1.3440	1.5120	0.9744	0.9744	1.3944	0.7392	1.0920	0.6720

续表

评价因子	沉积岩相剖面	典型岩石	古生物遗迹	地震遗迹景观	采矿遗迹景观	构造行迹	岩石地貌景观	泉水景观
社会与经济价值	0.5780	0.6460	0.6205	0.6205	0.6545	0.3910	0.6630	0.3230
地理位置及交通状况	0.5874	0.5148	0.5148	0.5148	0.5148	0.5082	0.5148	0.4686
资源组合状况	2.6532	2.8140	2.7738	2.7738	2.4522	2.7336	1.9296	2.3718
可保护性	1.3529	1.3855	1.3529	1.3529	1.2877	1.2877	1.2714	1.1247
管理工作	5.8392	6.0014	6.0825	6.0825	6.6502	5.9203	6.4069	2.9196
基础设施	1.1340	1.1340	1.0692	1.0692	1.1664	1.1664	1.2150	0.9072
服务设施	1.0692	1.0692	1.0044	1.0044	1.1016	0.9882	1.0368	0.8424
区域发展水平	0.2146	0.2146	0.2146	0.2146	0.2146	0.2146	0.2146	0.2146
区域承受能力	0.8176	0.8176	0.8176	0.8176	0.8176	0.8176	0.8176	0.8176
资金条件	0.2627	0.2664	0.2738	0.2738	0.2812	0.2516	0.2516	0.2183
客源地区位条件	1.2084	1.2402	1.2402	1.2402	1.1289	1.2084	1.1766	1.1448
区域人口及经济水平	0.3000	0.2960	0.2840	0.2840	0.2920	0.2840	0.2920	0.2880
与相邻旅游地关系	1.7640	1.5624	1.6632	1.6632	1.7136	1.5876	1.3104	1.2852
政策倾向	0.6474	0.6806	0.6640	0.6640	0.6723	0.6474	0.6474	0.3735
资金倾向	0.1036	0.1120	0.1078	0.1078	0.1008	0.0966	0.1022	0.0574
评价总分	86.2703	88.3271	82.2390	83.1942	76.7031	70.6337	51.6428	35.8362
所属级别	国家级	国家级	国家级	国家级	国家级	省级	省以下	省以下

表 5-22　磬云山园区主要地质遗迹点评价因子分值统计表

评价因子	磬石	纹石	白齿构造	叠层石	震积岩	宋代采坑遗址	长石阵	张渠组剖面	万卷书	X 节理	磬泉	将军洞
典型性	89	89	92	88	89	85	74	72	56	53	46	56
稀有性	98	95	98	86	93	84	72	68	42	43	38	43
自然性	89	89	89	89	89	79	89	85	41	80	74	80
系统性和完整性	83	80	80	76	75	65	73	76	48	46	43	46
科学价值	96	90	96	88	92	72	68	72	39	44	49	44
美学价值	92	89	88	90	83	71	80	55	38	45	48	45
历史文化价值	80	80	65	82	58	83	52	44	65	82	78	57
社会与经济价值	68	80	76	78	73	77	56	46	78	49	62	49
地理位置及交通状况	89	78	78	76	78	78	76	77	78	78	78	74
资源组合状况	66	64	70	68	69	61	71	68	48	59	42	59

续表

评价因子	磬石	纹石	臼齿构造	叠层石	震积岩	宋代采坑遗址	长石阵	张渠组剖面	万卷书	X节理	磬泉	将军洞
可保护性	83	83	85	80	83	79	77	79	78	69	71	69
管理工作	72	70	74	71	75	82	78	73	79	54	62	76
基础设施	70	70	70	68	66	72	69	72	75	72	73	72
服务设施	66	62	66	64	62	68	63	61	64	52	51	54
区域发展水平	58	58	58	58	58	58	58	58	58	58	58	58
区域承受能力	73	73	73	73	73	73	73	73	73	73	73	73
资金条件	71	70	72	72	74	76	72	68	68	59	74	67
客源地区位条件	76	78	78	76	78	71	77	76	74	72	73	72
区域人口及经济水平	75	72	74	73	71	73	74	71	73	72	73	72
与相邻旅游地关系	70	61	62	68	66	68	69	63	52	51	52	51
政策倾向	78	78	82	79	80	81	81	78	78	76	80	72
资金倾向	74	72	80	74	77	72	76	69	73	62	78	66

表 5-23　崇山园区主要地质遗迹点评价因子分值统计表

评价因子	磬石	珍珠石	纹石	臼齿构造	巨型节理	平移断层	软沉积变形	双向褶皱	逆冲推覆构造	羊背石地貌	竹叶状灰岩	盘丝洞
典型性	89	87	80	87	86	80	68	71	66	60	60	41
稀有性	96	93	86	96	75	68	60	55	57	53	53	38
自然性	89	87	84	87	89	88	86	82	87	80	52	70
系统性和完整性	80	72	70	74	73	68	63	61	69	60	52	36
科学价值	93	90	84	90	74	65	61	57	62	56	39	36
美学价值	80	92	72	88	75	60	79	76	54	68	38	38
历史文化价值	80	78	78	65	73	55	49	52	48	58	65	57
社会与经济价值	68	78	80	76	53	51	46	48	46	62	75	49
地理位置及交通状况	78	78	75	71	73	72	70	71	71	70	73	71
资源组合状况	70	68	64	70	68	69	61	71	68	62	48	41
可保护性	83	82	83	85	80	76	79	77	79	68	78	69
管理工作	58	50	62	58	58	62	54	52	48	49	79	40
基础设施	54	51	52	55	53	54	51	54	53	52	53	56
服务设施	52	48	49	50	49	51	49	48	46	54	51	52
区域发展水平	58	58	58	58	58	58	58	58	58	58	58	58
区域承受能力	73	73	73	73	73	73	73	73	73	73	73	73
资金条件	50	58	53	60	52	54	50	50	49	56	62	59

续表

评价因子	磬石	珍珠石	纹石	臼齿构造	巨型节理	平移断层	软沉积变形	双向褶皱	逆冲推覆构造	羊背石地貌	竹叶状灰岩	盘丝洞
客源地区位条件	76	79	78	78	76	78	71	77	76	72	74	72
区域人口及经济水平	75	75	72	74	73	71	73	74	71	72	73	72
与相邻旅游地关系	62	60	61	62	58	66	68	69	63	58	52	51
政策倾向	68	72	72	80	65	46	45	42	42	56	72	45
资金倾向	62	75	64	79	42	41	45	40	40	55	73	41

表 5-24　磬云山园区主要地质遗迹景点评价因子实际得分、评价总分及级别

评价因子	磬石	纹石	臼齿构造	叠层石	震积岩	宋代采坑遗址	长石阵	张渠组剖面	万卷书	X 节理	磬泉	将军洞
典型性	7.0132	7.0132	7.2496	6.9344	7.0132	6.698	5.8312	5.6736	4.4128	4.1764	3.6248	4.4128
稀有性	25.0292	24.263	25.0292	21.9644	23.7522	21.4536	18.3888	17.3672	10.7268	10.9822	9.7052	10.9822
自然性	3.4977	3.4977	3.4977	3.4977	3.4977	3.1047	3.4977	3.3405	1.6113	3.144	2.9082	3.144
系统性和完整性	15.687	15.12	15.12	14.364	14.175	12.285	13.797	14.364	9.072	8.694	8.127	8.694
科学价值	12	11.25	12	11	11.5	9	8.5	9	4.875	5.5	6.125	5.5
美学价值	3.4224	3.3108	3.2736	3.348	3.0876	2.6412	2.976	2.046	1.4136	1.674	1.7856	1.674
历史文化价值	1.344	1.344	1.092	1.3776	0.9744	1.3944	0.8736	0.7392	1.092	1.3776	1.3104	0.9576
社会与经济价值	0.578	0.68	0.646	0.663	0.6205	0.6545	0.476	0.391	0.663	0.4165	0.527	0.4165
地理位置及交通状况	0.5874	0.5148	0.5148	0.5016	0.5148	0.5148	0.5016	0.5082	0.5148	0.5148	0.5148	0.4884
资源组合状况	2.6532	2.5728	2.814	2.7336	2.7738	2.4522	2.8542	2.7336	1.9296	2.3718	1.6884	2.3718
可保护性	1.3529	1.3529	1.3855	1.304	1.3529	1.2877	1.2551	1.2877	1.2714	1.1247	1.1573	1.1247
管理工作	5.8392	5.677	6.0014	5.7581	6.0825	6.6502	6.3258	5.9203	6.4069	4.3794	5.0282	6.1636
基础设施	1.134	1.134	1.134	1.1016	1.0692	1.1664	1.1178	1.1664	1.215	1.1664	1.1826	1.1664
服务设施	1.0692	1.0044	1.0692	1.0368	1.0044	1.1016	1.0206	0.9882	1.0368	0.8424	0.8262	0.8748
区域发展水平	0.2146	0.2146	0.2146	0.2146	0.2146	0.2146	0.2146	0.2146	0.2146	0.2146	0.2146	0.2146
区域承受能力	0.8176	0.8176	0.8176	0.8176	0.8176	0.8176	0.8176	0.8176	0.8176	0.8176	0.8176	0.8176
资金条件	0.2627	0.259	0.2664	0.2664	0.2738	0.2812	0.2664	0.2516	0.2516	0.2183	0.2738	0.2479
客源地区位条件	1.2084	1.2402	1.2402	1.2084	1.2402	1.1289	1.2243	1.2084	1.1766	1.1448	1.1607	1.1448
区域人口及经济水平	0.3	0.288	0.296	0.292	0.284	0.292	0.296	0.284	0.292	0.288	0.292	0.288
与相邻旅游地关系	1.764	1.5372	1.5624	1.7136	1.6632	1.7136	1.7388	1.5876	1.3104	1.2852	1.3104	1.2852

续表

评价因子	磬石	纹石	臼齿构造	叠层石	震积岩	宋代采坑遗址	长石阵	张渠组剖面	万卷书	X节理	磬泉	将军洞
政策倾向	0.6474	0.6474	0.6806	0.6557	0.664	0.6723	0.6723	0.6474	0.6474	0.6308	0.664	0.5976
资金倾向	0.1036	0.1008	0.112	0.1036	0.1078	0.1008	0.1064	0.0966	0.1022	0.0868	0.1092	0.0924
评价总分	86.5257	83.8394	86.0168	80.8567	82.6834	75.6253	72.7518	70.6337	51.0534	51.0503	49.353	52.6589
所属级别	国家级	国家级	国家级	国家级	国家级	国家级	省级	省级	省以下	省以下	省以下	省以下

表 5-25　崇山园区主要地质遗迹景点评价因子实际得分、评价总分及级别

评价因子	磬石	珍珠石	纹石	臼齿构造	三组巨型节理	断层岩墙	软沉积变形	双向褶皱	逆冲推覆构造	羊背石地貌	现代采坑	盘丝洞
典型性	7.0132	6.8556	6.304	6.8556	6.7768	6.304	5.3584	5.5948	5.2008	4.728	4.728	3.2308
稀有性	24.5184	23.7522	21.9644	24.5184	19.155	17.3672	15.324	14.047	14.5578	13.5362	13.5362	9.7052
自然性	3.4977	3.4191	3.3012	3.4191	3.4977	3.4584	3.3798	3.2226	3.4191	3.144	2.0436	2.751
系统性和完整性	15.12	13.608	13.23	13.986	13.797	12.852	11.907	11.529	13.041	11.34	9.828	6.804
科学价值	11.625	11.25	10.5	11.25	9.25	8.125	7.625	7.125	7.75	7	4.875	4.5
美学价值	2.976	3.4224	2.6784	3.2736	2.79	2.232	2.9388	2.8272	2.0088	2.5296	1.4136	1.4136
历史文化价值	1.344	1.3104	1.3104	1.092	1.2264	0.924	0.8232	0.8736	0.8064	0.9744	1.092	0.9576
社会与经济价值	0.578	0.663	0.68	0.646	0.4505	0.4335	0.391	0.408	0.391	0.527	0.6375	0.4165
地理位置及交通状况	0.5148	0.5148	0.495	0.4686	0.4818	0.4752	0.462	0.4686	0.4686	0.462	0.4818	0.4686
资源组合状况	2.814	2.7336	2.5728	2.814	2.7336	2.7738	2.4522	2.8542	2.7336	2.4924	1.9296	1.6482
可保护性	1.3529	1.3366	1.3529	1.3855	1.304	1.2388	1.2877	1.2551	1.2877	1.1084	1.2714	1.1247
管理工作	4.7038	4.055	5.0282	4.7038	4.7038	5.0282	4.3794	4.2172	3.8928	3.9739	6.4069	3.244
基础设施	0.8748	0.8262	0.8424	0.891	0.8586	0.8748	0.8262	0.8748	0.8586	0.8424	0.8586	0.9072
服务设施	0.8424	0.7776	0.7938	0.81	0.7938	0.8262	0.7938	0.7776	0.7452	0.8748	0.8262	0.8424
区域发展水平	0.2146	0.2146	0.2146	0.2146	0.2146	0.2146	0.2146	0.2146	0.2146	0.2146	0.2146	0.2146
区域承受能力	0.8176	0.8176	0.8176	0.8176	0.8176	0.8176	0.8176	0.8176	0.8176	0.8176	0.8176	0.8176
资金条件	0.185	0.2146	0.1961	0.222	0.1924	0.1998	0.185	0.185	0.1813	0.2072	0.2294	0.2183
客源地区位条件	1.2084	1.2561	1.2402	1.2402	1.2084	1.2402	1.1289	1.2243	1.2084	1.1448	1.1766	1.1448

续表

评价因子	磬石	珍珠石	纹石	臼齿构造	三组巨型节理	断层岩墙	软沉积变形	双向褶皱	逆冲推覆构造	羊背石地貌	现代采坑	盘丝洞
区域人口及经济水平	0.3	0.3	0.288	0.296	0.292	0.284	0.292	0.296	0.284	0.288	0.292	0.288
与相邻旅游地关系	1.5624	1.512	1.5372	1.5624	1.4616	1.6632	1.7136	1.7388	1.5876	1.4616	1.3104	1.2852
政策倾向	0.5644	0.5976	0.5976	0.664	0.5395	0.3818	0.3735	0.3486	0.3486	0.4648	0.5976	0.3735
资金倾向	0.0868	0.105	0.0896	0.1106	0.0588	0.0574	0.063	0.056	0.056	0.077	0.1022	0.0574
评价总分	82.7142	79.542	76.0344	81.241	72.6039	67.7717	62.7367	60.9556	61.8595	58.2087	54.6688	42.4132
所属级别	国家级	国家级	国家级	国家级	省级	省级	省级	省级	省级	省以下	省以下	省以下

第六章　地质遗迹保护与公园建设

灵璧磬云山国家地质公园自立项建设以来，地方政府逐步加大科学管理力度，设置了专门管理机构，制定了人才培养与培训、科研选题与科普、公园信息化建设等规划，分步实施。在地质公园功能区及地质遗迹保护区合理划分的基础上，对地质遗迹资源实施有效保护，并通过调查问卷分析，科学地开展地学旅游资源开发，以实现磬云山国家地质公园的可持续发展。

第一节　公园规划与管理

一、地质公园规划

1. 指导思想与原则

（1）规划指导思想

磬云山国家地质公园规划以科学发展观为指导，突出公园特色，实现地质公园“保护、科普、旅游”三大任务，进一步强化规划的战略性、指导性、约束性和可操作性，系统谋划、科学实施，推动磬云山“旅游、文化、生态”三位一体化发展。

（2）规划编制原则

① 保护优先的原则：地质公园规划要突出对地质遗迹资源的保护，根据地质遗迹类型和现状采取有针对性的保护措施。严格限制地质公园内的开发建设活动，在地质遗迹保护区内不得进行任何与地质遗迹保护功能不相符的矿产资源勘查、开发及工程建设等活动。

② 科学规划的原则：地质公园规划首先要对区内地质遗迹资源进行详细调查，摸清家底，科学评价地质遗迹资源价值。其次要在地质遗迹资源保护的基础上，科学合理地规划地质旅游等相关活动。最后地质公园规划要与已有的土地利用规划、矿产资源规划等相关规划相衔接。

③ 合理利用的原则：公园规划要以地质遗迹保护为基础，充分发挥地质遗迹的科学研究、科学普及、地学旅游等功能，合理规划地质遗迹资源利用。任何盲目不合理的过度开发和利用地质遗迹资源，都会导致地质公园建设的失败。

2. 规划任务和重点

地质公园规划要突出“保护地质遗迹”、“普及地学知识”、“促进地方经济社会发展”三项任务。

地质公园规划重点主要有：

① 合理确定公园范围，详细勘测公园边界坐标，并埋设界碑。

② 根据公园建设任务及特色，提出公园发展总体目标。

③ 明确公园内地质遗迹、生态环境与人文资源的保护，科学合理评价地质遗迹资源价值，列出地质遗迹保护名录，制定地质遗迹保护措施。

④ 明确公园总体布局和功能区的划分。

⑤ 科学规划公园解说系统、科学研究与普及、信息化建设工作。

⑥ 明确近期、中期和远期地质公园发展规划以及公园重点建设项目。

⑦ 提出地质公园管理体制与人才培养计划。

⑧ 公园基础设施、服务设施、植被复绿与生态重建等建设规划。

3. 地质公园范围

（1）地质公园范围划定的原则

地质公园范围能涵盖区内主要地质遗迹资源，能实施有效保护的原则；公园范围恰当，有益于当地社会经济协调发展的原则；边界清晰、权属明确，易于管理的原则。

（2）地质公园范围的划定

为使地质公园地质遗迹、自然生态和人文资源得到有效的保护，满足开展科学普及和地学旅游的需求，地质公园应具有一定的面积。地质公园应充分考虑区域内矿产资源赋存状况和地方经济建设发展需求，合理控制公园范围。范围确定后，应建立拐点坐标数据库，埋设风格统一的边界标识碑（桩）。

磬云山国家地质公园充分利用山脊线、山谷线、地形边坡、道路、土地权属边界等具有明显分界特征的地理界限，沿磬云山、崇山山脚地形走势而建，自北向东—南—西—北，四至界线依次为：土山—中寨—后崇山—韩楼—上陶寨—小店子—解山头—郑巷子村。

磬云山国家地质公园边界由 22 个拐点坐标组成，公园总面积为 4.25 km^2，其中磬云山景区 2.14 km^2、崇山景区 2.11km^2。

4. 地质公园总体布局

磬云山国家地质公园以科学发展观为指导，以保护地质遗迹、普及地学知识、促进地方经济社会可持续发展为目的，以灵璧石、臼齿构造、震积岩等地质遗迹资源为特色。根据公园地质遗迹、人文景观资源空间分布特征，兼顾景区整体性与适宜性，分景区进行规划布局。

公园按空间结构从西至东分为磬云山景区和崇山景区。磬云山景区为公园主景区，主要有喀斯特地貌、古地震遗迹、臼齿构造等地质遗迹资源及御安庙遗址、宋代摩崖石刻等人文景观；景区东侧为崇山景区，包含臼齿构造、珍珠石、溶洞、巨型节理等地质遗迹资源以及盘丝洞等人文景观。两景区相互连接，地质遗迹丰富多样，交相辉映，规划在两景区之间建设餐饮、游乐设施。

磬云山景区位于地质公园西部，东与崇山景区相连，南与渔沟镇街道接壤，西侧以农田灌溉沟渠为界，西北侧紧邻郑巷子村，北侧与土山等村落相接，总面积约 2.14km^2。规划重点开发公园西门至磬云山西侧山脚景观大道两侧景点及人文景观，环山路地学科考路线沿线景点；重点建设公园南门至磬云山南侧山脚沿线景点及人文景观。力争将其建设为地质科考、人文景观、观光旅游的精品地质旅游景区。

崇山景区位于地质公园东部，东侧延伸到山脚，南侧与上陶寨、韩楼等村落相接，西侧与磬云山景区相连，北部紧挨中寨村落，总面积约 2.11 km^2。规划重点开发环崇山地学科考道路沿线地质遗迹景点，景区北扩区域旅游观光步道沿线景点；重点建设臼齿构造群、珍珠石等地质遗迹景点。力争将其建设为地质科考为主要特色景区。

磬云山国家地质公园规划总图见图 6-1。

5. 地质公园功能分区

（1）功能区划分的依据

根据《国家地质公园规划编制技术要求》（国土资发〔2016〕83 号），结合磬云山特点，因地制宜将公园划分为公园管理区、游客服务区、科普教育区、地质遗迹保护区、人文景观区、休闲娱乐区、自然生态区七大类功能区。

（2）功能分区说明

① 公园管理区（Ⅰ）

公园管理区主要为公园管理运营办公区域，共设置 2 处。一处设置在灵璧县国土资源局内，主要负责地质公园规划、管理政策、发展方向；另一处设置在公园西门的磬云山国家地质公园管理处，主要负责公园的日常运营管理工作。

② 游客服务区（Ⅱ）

游客服务区主要为各景区的游客集散地及度假中心区域，共设置共 2 处。

西门游客服务区（Ⅱ-1）：位于公园西门，主要包括游客中心、商业街、餐饮、停车场、文化广场等设施，是公园主要的游客接待服务区域。

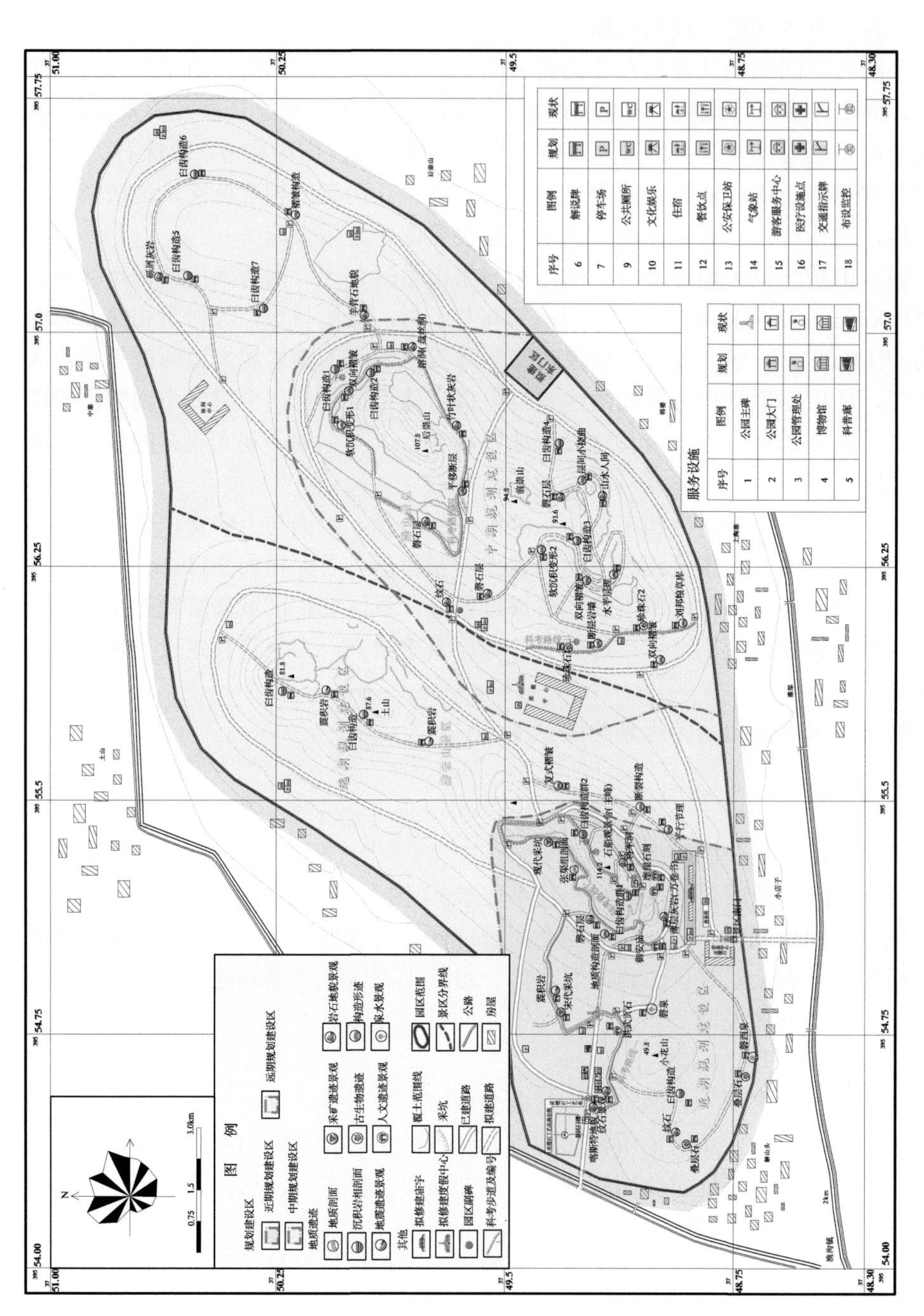

图 6-1 磬云山国家地质公园规划总图

南门游客服务区（Ⅱ-2）：位于公园规划建设的南门，包括游客集散地、购物街、餐饮、停车场、卫生设施，能够满足游客休闲、娱乐、购物需要。

③ 科普教育区（Ⅲ）

科普教育区主要为地质知识普及区域，共设置3处。

主碑广场科普教育区（Ⅲ-1）：位于磬云山景区磬云大道最东端，包括地质博物馆、公园主碑、公园介绍牌、科普长廊等设施。

磬云山副碑科普教育区（Ⅲ-2）：位于磬云山景区南侧，包括景区副碑、景区介绍牌、地质科普牌等设施；

崇山副碑科普教育区（Ⅲ-3）：位于崇山景区东侧，包括景区副碑、景区介绍牌、地质科普牌等设施。

④ 地质遗迹保护区（Ⅳ）

地质遗迹保护区是公园地质遗迹资源集中分布区域，共设置3处。

磬云山南侧地质遗迹保护区（Ⅳ-1）：位于磬云山景区南侧小花山区域，主要有臼齿构造群、磬石层、纹石、叠层石、震积岩、张渠组剖面、宋代采坑遗址、喀斯特地貌等地质遗迹。

磬云山北侧地质遗迹保护区（Ⅳ-2）：位于磬云山景区北侧土山区域，主要有臼齿构造、震积岩、磬石层、张渠组地层等地质遗迹资源。

崇山地质遗迹保护区（Ⅳ-3）：位于崇山景区中部，主要有臼齿构造、张渠组地层、磬石层、珍珠石、纹石、巨型节理等地质遗迹资源。

⑤ 人文景观区（Ⅴ）

人文景观区是公园主要人文景点保护区域，共设置4处。

洪武贡石人文区（Ⅴ-1）：位于磬云山景区西侧，相传为明代洪武年间，凤阳中都城建城采石遗址。

御安庙遗址人文区（Ⅴ-2）：位于磬云山景区南侧，相传乾隆皇帝下江南时下榻的庙宇，故名“御安庙”，现庙宇已毁损，仅剩遗址。

摩崖石刻人文区（Ⅴ-3）：位于磬云山景区中部，据考证雕刻年代为宋代，现为安徽省级文物保护单位。

御安庙复建人文区（Ⅴ-4）：位于公园南门区域，规划建设大雄宝殿等设施。

⑥ 休闲娱乐区（Ⅵ）

休闲娱乐区是公园休闲娱乐设施建设区域，共设置6处。

西门北侧休闲娱乐区（Ⅵ-1）：位于磬云山西门北侧，规划修建灵璧石展览及工艺品售卖等设施。

西门南侧休闲娱乐区（Ⅵ-2）：位于磬云山景区南侧，规划修建灵璧石文化广场、商业街等设施。

南门休闲娱乐区（Ⅵ-3）：位于磬云山南门，规划修建灵璧石展览及工艺品售卖等设施。

磬云山东侧休闲娱乐区（Ⅵ-4）：位于磬云山景区与崇山景区之间，规划建设星级宾馆、人工湖、休闲娱乐等设施。

崇山西北侧休闲娱乐区（Ⅵ-5）：位于崇山景区西北侧，规划建设星级宾馆、休闲娱乐等设施。

东门休闲娱乐区（Ⅵ-6）：位于公园东门区域，规划建设灵璧石展览及工艺品售卖等设施。

⑦ 自然生态区

自然生态区是公园植被修复与生态重建区域。磬云山土壤贫瘠、植被稀疏、基岩裸露，为使公园可持续发展，灵璧县投入巨资进行植被修复与生态重建，通过客土回填等工程措施，尽可能恢复公园生态环境，主要为公园外围保护区域。

磬云山国家地质公园功能分区见图 6-2。

二、地质公园管理

1. 管理机构设置依据

根据《国家地质公园规划编制技术要求》，为使地质公园管理有效运行，确保国家地质公园内的地质遗迹得到有效保护、科研科普活动有序开展、旅游发展不断推进，所有国家地质公园或取得国家地质公园资格的公园，应当由当地政府设立专门的实体地质公园管理机构。

公园管理机构为专职的团队，主要围绕公园的日常管理、地质遗迹保护、规划与建设、科学研究与科学普及、宣传与推广等开展工作。管理机构内部应根据任务和职责设立相应的工作部门，做到任务明确、分工合理、精干高效。

公园管理机构应具有政府职能，拥有执行《安徽灵璧磬云山国家地质公园规划》和相关法律法规的主体资格。

2. 管理机构的职责

地质公园管理机构应在当地人民政府的统一领导下，负责公园内地质遗迹保护、地质公园的规划制定和实施、地质公园的建设和发展、地质科学研究项目的遴选和立项、地质科普活动的组织和安排、地学旅游的开展、地质公园的宣传和推广、地质导游员管理和培训、社区管理及其他日常工作。公园管理机构通过行政、经济等管理手段对园区进行适度管理和间接调控，充分协调公园运营方、政府主管部门和当地居民之间的关系。

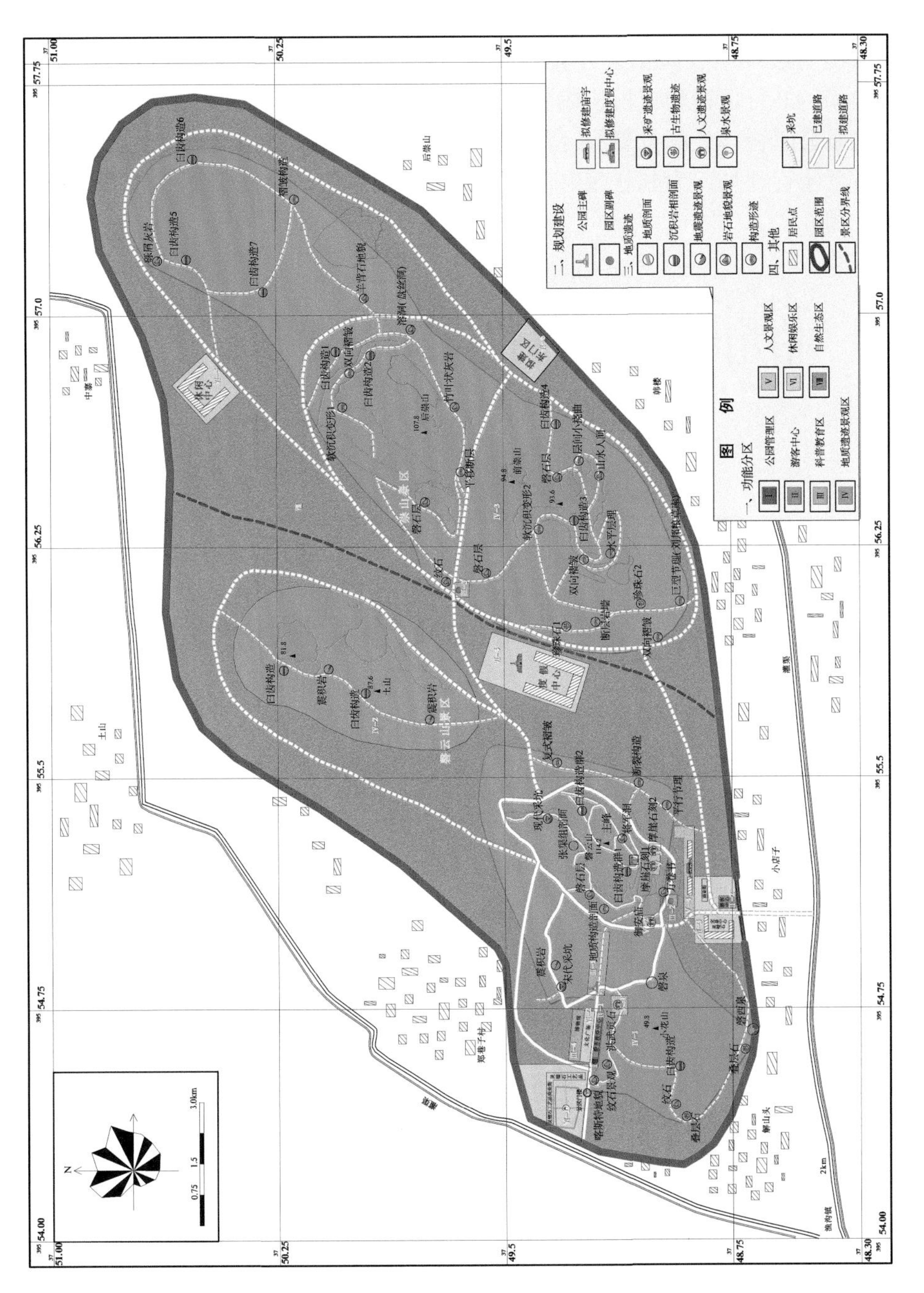

图 6-2　磐云山国家地质公园功能分区图

3. 管理机构的设立

磬云山省级地质公园揭碑开园后，灵璧县人民政府申请设置地质公园管理处。2013 年 11 月，宿州市机构编制委员会办公室下发了《关于同意设立灵璧县磬云山地质公园管理处的批复》（宿编办〔2013〕56 号），批准同意设立灵璧县磬云山地质公园管理处，为副科级财政差额拨款事业单位，隶属于灵璧县国土资源局管理（图 6-3）。

宿州市机构编制委员会办公室文件

宿编办〔2013〕56 号

关于同意设立灵璧县磬云山地质公园管理处的批复

灵璧县机构编制委员会办公室：

你办《关于灵璧县磬云山地质公园管理处机构规格的请示》（灵编办〔2013〕10 号）收悉。

经研究，同意设立灵璧县磬云山地质公园管理处，为副科级财政差额拨款事业单位，隶属县国土资源局管理。

此复

宿州市机构编制委员会办公室

2013 年 11 月 18 日

图 6-3　管理处批复文件

磬云山国家地质公园建设工作受安徽省国土资源厅指导，由灵璧县人民政府管理，灵璧县国土资源局具体负责，地质公园管理处作为执行机构，负责地质公园规划建设、地质遗迹保护、地质科研、科普宣传、景区运营等相关工作的执行。公园管理流程见图 6-4 所示。

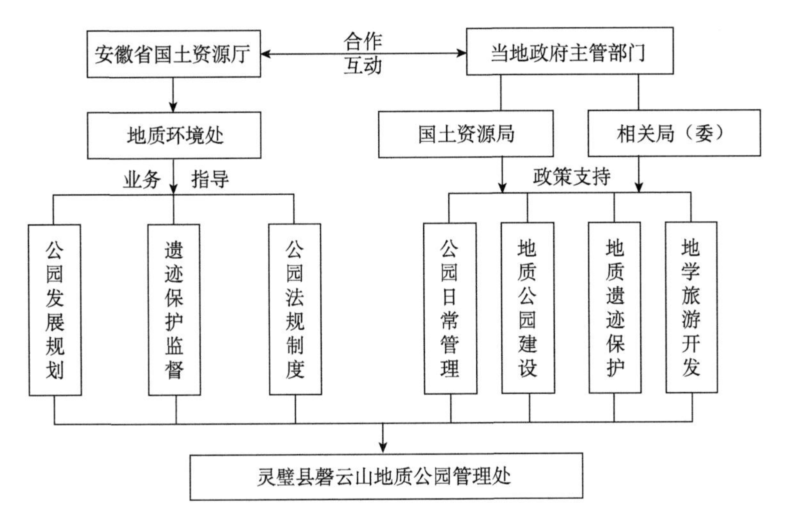

图 6-4 地质公园管理框图

磬云山国家地质公园管理处内设五个职能部门，各部门工作任务与职责如下：

（1）办公室

与财务科合署办公，负责地质公园档案管理和各项行政事务；负责经费预算和财务决算；负责建设项目财务管理；审核监督第三方单位财务、票务管理。

（2）规划与基础建设科

与地质公园物业中心合署办公，负责地质公园规划实施管理；负责基础设施建设管理；负责公园日常物业管理与维护工作。

（3）地质遗迹保护科

与地质博物馆合署办公，负责地质遗迹保护区巡查与日常管理；负责地学科普教育与培训；负责地学研究计划制定与实施；负责地质博物馆运营与维护。

（4）安全与环境保护科

与景区警务室或地质公园派出所合署办公，负责景区日常安全保卫、治安管理；负责地质灾害防治、生态修复、环境保护、森林防火、应急救援工作。

（5）景区开发经营科

与地质公园信息中心合署办公，负责地质公园推介、宣传与策划工作；负责公园网站、监控系统维护；负责重大项目招商引资；负责第三方单位日常监管工作。

4. 管理团队的建设

磬云山为新建地质公园，自成立以来逐步完善各类人才配备工作，先后分两批次公开招考大中专院校毕业生 6 名，专业涵盖地质、城乡规划、风景园林等，有效保障了公园地质遗迹保护、地学科普、基础设施建设、生态环境保护等工作。未来公园将进一步加强管理团队人才建设。

① 管理人才：坚持“学用结合，学以致用，按需施教，讲求实效”的原则，通过培训和继续教育，建设一支高素质的管理人才队伍，提高管理效率和水平，充分满足公园可持续发展管理需求。

② 导游人才：地质公园属科学公园范畴，导游人员除具有一般导游的知识技能外，还应具备地质基本知识。地质公园管理处可与大中专院校合作或邀请专家对导游人员开展定期培训，逐步建设一支业务能力强、地学知识精的导游人才队伍。

③ 地质专业人才：公园地质遗迹保护、科普宣传教育、地质博物馆管理、地质环境修复等方面都需要地质专业人才的参与。要加大引进和培养力度，配备一定数量的地质专业人才。要改善专业人才的工作环境和待遇，逐步建设一支“留得住，下得去，业务精，创新强”的地质人才队伍，充分发挥他们的专业优势，确保公园健康可持续发展。

④ 林业专业人才：公园建设需要开展大量的生态修复与景观重建工作，需要一定数量的林业专业人才。要结合磬云山灵璧奇石的特点，创造性地开展公园生态保护、林业培育、植物管理、景观营建等工作。

⑤ 其他人才配置：主要有工民建、旅游策划、市场营销、水电设备、环境卫生管理等多方面人员，根据工作需要，逐步配齐，确保公园正常运转。

第二节　地学研究与科普

一、地质科学研究

1. 研究意义及选题原则

（1）科学研究的意义

地质公园与其他类型公园的显著区别是其具有鲜明的科学性。作为一个自然的科学公园，不仅要让游客认识其现在（present），更要了解其历史（past）、成因和将来（future），这就是地质公园的“PPF”概念。以自然景观为主体的地质公园，不仅呈现的是一幅优美的山水画卷，更是一幅叙述亿万年地球历史精彩故事的优美动感山水影像。地质公园的科学研究在于揭示公园中地质遗迹的科学意义和来龙去脉，让游客知其然并知其所以然，不仅提升地质公园的品质和价值，也充分体现地质公园的独特生命力。

（2）选题原则

地质公园的科学研究有别于一般意义上的科学研究。地质公园的科学研究针对性强，主要研究对象为公园内的典型地质遗迹资源。通过地质遗迹的国内外对比，以揭示地质公园内地质遗迹的形成背景、演化历史、景观特色和科学意义为核心，以服务地质公园建设、地质遗迹保护、地学科普活动为目标，既重视科学性，又兼顾普及性。要围绕地质遗迹保护、科学普及和促进旅游业发展开展相应的研究工作。

地质公园科学研究应把深入探讨公园内典型地质遗迹的形成演化历史和成因规律、地质遗迹与生态环境的有效保护、地质景观的科学解说、科学普及活动的开展、地质遗迹资源的合理利用、地质公园的可持续发展、数字地质公园的建设、旅游产品的开发、公园的宣传推广等作为遴选科学研究课题的依据。

地质公园科学研究的原则主要有：

① 自身为主、经费自筹的原则。科学研究立足于公园自身，可聘请并配合和支持相关科研院所、大专院校的科研人员带课题来地质公园开展科学研究工作，以及相关专业学生进行地学教学、毕业设计、学位论文撰写等活动，成果共享。科研经费可来自公园一定比例的盈利收入、其他渠道的科研立项及社会投入。

② 目标明确、精心设计的原则。针对有价值的研究对象设立研究目标，精心设计研究课题与内容，满足公园发展需求。

③ 符合实际、统筹安排的原则。研究课题的数量和内容不宜过多求全，应有可行性、针对性、前瞻性和服务性。

2. 研究课题的选择

（1）公园重要地质遗迹调查与保护

磬云山国家地质公园内发育有典型岩石、臼齿构造、震积岩等特殊地质遗迹，是科研选题的重点对象。灵璧石位居我国“四大奇石”之首，至今还存在很多未解之谜，通过对灵璧石成因进行研究，不但能丰富公园的科学性，还能繁荣灵璧石文化，提高地质公园品位和知名度。臼齿构造是 1885 年由加拿大地质学家 Bauerman 引入地质文献，被老百姓称为“天女散花”，是地学界争议一个多世纪的地质学难题。臼齿构造碳酸盐岩是一种具有全球意义的沉积碳酸盐岩，是特定地质历史时期生物学和地球化学事件的关键性标志，是探索地球早期大气、海洋、碳酸盐沉积物的物理化学演化的重要载体，具有特殊的地层学意义。地震是一种自然灾变事件，是地球内动力作用的表现，是大陆动力学研究的基本内容之一，公园内广泛分布的震积岩，对古地震及古地理环境研究具有特殊意义。

参考选题：灵璧石岩石学研究、磬云山地区臼齿状构造碳酸盐岩地球化学研究及成因探讨、磬云山地区震积岩研究及古环境恢复、地质遗迹保护措施研究等。

（2）资源环境保护与开发研究

公园地处皖北地区，特殊的自然条件和气候条件造成区内山体岩石裸露、土壤贫瘠、植被稀疏，严重制约着地质公园地质旅游的开发与资源保护。因此，公园的资源环境保护与开发研究，既是地学旅游发展的重要内容，也是地学旅游理论研究的重要课题。

参考选题：磬云山景观重建理论研究与应用。

（3）地质公园科学解说研究

磬云山国家地质公园内地质内涵丰富，如何通过地质遗迹的科学解释来体现地质公园的内在美，达到地学知识的普及，是公园管理者和建设者需要共同探索的课题。而地质旅游主要面向的对象不是地质专业人员，而是广大的普通游客，要想达到科学普及的目的，科学导游的通俗性至关重要。对普通游客来说，地质是一门比较深奥、生僻的科学，专业词汇多，涉及内容广，要想很好地将地质内涵表达清楚、准确，还要深入研究。因此，需要通过地质公园科学解说研究，把抽象的地质内容用通俗的语言、生动形象地向游客展示出来，让游客在欣赏大自然美景的同时，了解地球科学知识。

参考选题：地质公园科普教育及科学解说研究。

（4）地质科学成果转化研究

对于目前的旅游市场所提供的旅游产品类型单一、结构重复的现象，有必要开发新的旅游产品，改变当前以观光游为主的市场状态，开发其他类型的旅游产品，以迎合旅游者的多种需求，才能赢得游客、赢得市场，进而提高旅游活动的整体享受性。只有不断地开发新产品，才能随时满足游客的需求；只有改善旅游产品结构，才可以满足游客多样化的要求，才可以在市场中赢得自己的市场份额，不被市场所淘汰。

参考选题：地质公园特色旅游产品开发研究。

（5）地质公园信息化建设研究

随着地质公园建设日趋成熟，数字化建设已经逐步成为地质公园建设的主角。就目前地质公园建设来看，数字公园建设尚处起步阶段，公园的管理和规划建设仍跟不上时代的发展。数字地质公园就是以地质公园为基础，构建的集办公、管理、调度、安全、旅游、宣传为一体的新型数字化环境。在传统的基础上，利用先进的信息化手段和工具，实现环境、资源、服务的数字化，优化公园管理结构，提高管理水平，控制管理成本，最大限度地拓展公园运行效率。

参考选题：数字化地质公园建设研究。

3. 科学研究的实施

（1）在磬云山国家地质公园建设过程中，安徽省地质测绘技术院、宿州学院等单位开展了大量的基础地质研究工作，相关研究成果先后获安徽省国土资源科学技术奖、安徽省地矿局地质科技进步奖等奖项，其中“安徽灵璧磬云山国家地质公园综合考察报告”项目先后获安徽省地矿局地质科学进步三等奖和安徽省国土资源优秀工程奖三等奖；“灵璧县磬云山地质公园总体规划与地质遗迹保护工程”项目获安徽省国土资源优秀工程奖三等奖（图 6-5）；并针对新元古代岩石地球化学、地质遗迹特征及成因机理等课题，在国内外发表了多篇学术论著[图 6-6（a）]。

安徽省国土资源科学技术奖

奖　状

为表彰安徽省国土资源优秀工程奖获得者，特颁发此证书。

项目名称：灵璧县磬云山地质公园总体规划与地质遗迹保护工程

奖励等级：三等

获 奖 者：安徽省地质测绘技术院
灵璧县国土资源局

证 书 号：ZL-2013-3-8

2013年12月12日

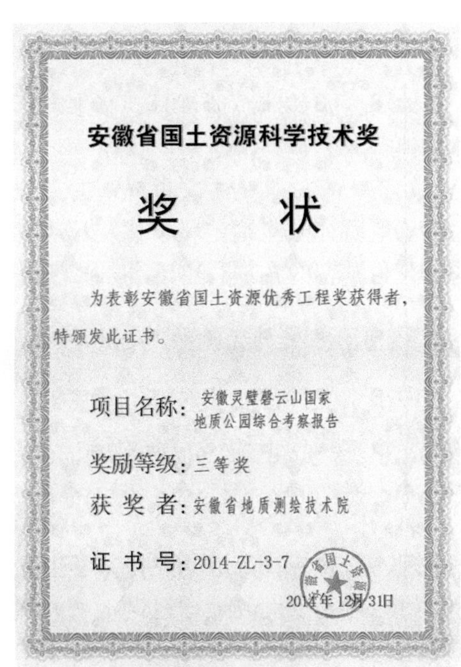
安徽省国土资源科学技术奖

奖　状

为表彰安徽省国土资源优秀工程奖获得者，特颁发此证书。

项目名称：安徽灵璧磬云山国家地质公园综合考察报告

奖励等级：三等奖

获 奖 者：安徽省地质测绘技术院

证 书 号：2014-ZL-3-7

2014年12月31日

图 6-5　磬云山部分地质科研成果

（2）积极鼓励国内地质院校专家学者到公园考察研究；加强与国内外科研院所、大专院校的交流合作，举办地质科学学术交流；鼓励高校到公园开展教学实习活动；编写出版与地质公园相关的科普读物[图 6-6（b）]。

（3）积极参加国内外地质公园建设、地质遗迹保护、地学旅游发展等相关的学术交流活动；积极筹措地质科学研究资金。

（a）发表的学术论文　　（b）出版的科普读物

图 6-6　与地质公园相关学术刊物

二、地学知识普及

地质公园是地质遗迹景观和生态环境的重要保护区，也是地质科学研究和科学知识普及的基地，是对广大游客，尤其是广大青少年游客进行启智教育、普及地学知识、宣传唯物主义世界观的天然大课堂，也是地质公园可持续发展的根本保障。地质公园应制定科学普及行动方案，积极开展面向中小学、大专院校、社区和普通游客的各项科普活动，以普及地球科学知识、提高公众科学素养为目标。

1. 中小学生科普活动

中小学生科普活动内容主要包括乡土教育、环境保护教育、自然科学教育以及地质科普教育。乡土科普教育活动可为学生提供接触大自然的机会，寓教于乐，能使学生更灵活地掌握书本知识。

磬云山国家地质公园结合中小学的自然学科课程，配合中小学教育，开展自然地理、科普教育等活动，提升学生素质，培养学生课外实践能力。

（1）借助“世界地球日”、“灵璧县奇石文化节”等活动举办全省（市）中小学生征文、摄影比赛活动。用中小学生的笔或者相机镜头来记载、描述磬云山地质遗迹特色，激发学生探索地球奥妙的兴趣，提高他们地质知识水平，培养青少年科学素养。

（2）以磬云山国家地质公园为基地，举办“青少年地质科普夏令营或冬令营”活动。通过组织地质考察游览活动，借助游览讲解，提高青少年对地质旅游的兴趣，激发他们对地学之谜的好奇心，从而激发他们进一步了解地球的渴望，提高 “保护地球、保护环境”的意识（图 6-7）。

（3）积极开展青少年科普教育基地建设。依托地质公园地质博物馆，开展青少年科普教育基地建设，普及地学知识。借助地质博物馆，免费向青少年以实物的形式，如岩样标本、沙盘、图片、影像、模型等，介绍磬云山国家地质公园独特的地质遗迹资源形成过程，普及基础地质知识，推进青少年素质教育。

图 6-7　科普夏令营

2. 高校学生教学实习活动

教学实习及科研实践活动主要面向高校、科研院所在公园内进行科学考察、教学实习、撰写毕业论文等活动。高校地学及相关专业均设置野外实习课程，目的是让学生更加直观地认识地质现象、了解区域地质演化过程。磬云山国家地质公园内新元古代地层发育完整，特别是臼齿构造、震积岩等地质遗迹现象、造型别致的奇石标本，是高校和科研院所实践教学和科考的最佳选择（图 6-8）。

（1）举办地质公园科普研讨会。借助研讨会研究地质现象，同时通过研讨会献计献策，完善磬云山国家地质公园标识系统，提升公园知名度。

（2）地质科研基地建设。根据地质遗迹特点，积极建设灵璧奇石文化、喀斯特地貌、臼齿构造群、震积岩与古环境等地质科研基地。

（3）地学教学基地建设。根据公园地质特色，与省内相关高校进行合作，建立地质地貌、旅游地理教学实习基地。为学生提供野外教学实践场所，同时进一步挖掘公园的地质科学价值。

（4）地质遗迹科考普查。充分利用公园丰富的地质资源为科考人员提供科考平台。与高校、科研院所合作，积极开展灵璧石资源普查工作，推进灵璧奇石文化产业的发展。

3. 游客、社区专项科普活动

专项科普活动是面向普通游客、社区居民开展的地质科学专题科普活动。主要是结合公园所在地及公园的实际，针对不同群体，采取差异化方式，运用互联网和其他先进技术，开展专项科普活动，让游客在游玩的同时，学习地学知识。

（a）高校教学实习

（b）专家研究

（c）野外考察

（d）科研实践基地

图 6-8　科研教学实践基地

随着全民文化知识层次的普遍提高和地质公园的广泛设立，人们在欣赏地质遗迹神奇的同时，会发出众多疑问，诸如臼齿构造的形成、震积岩的形成、奇特观赏灵璧石的形成等，这将需要开展地球科学知识专项科普旅游活动，给游客提供一个了解本区域地质演化史的平台，满足游览群体的好奇心和求知欲。

（1）编写公园地学科普读物，免费向游客发放。

（2）引导游客走进博物馆，聘请专家开展地学讲座或地学大讲堂活动，向游客展示公园科学知识。

（3）以地质博物馆为核心，打造精品地质旅游路线，供游客游览、专家考察。

（4）在世界地球日、全国科普日、土地日、环境日及地质科普宣传周等组织主题科普活动，普及地球科学知识。

（5）在地质公园内举行地学知识有奖竞赛。根据游客团队情况，也可采用发放旅游科普知识问答卡（入口处发放，出口处收集），答对者给予奖励。

第三节　公园信息化建设

一、公园的网站与网络系统

地质公园网站与网络系统的主要作用是安全、畅通地传输与交换地质公园各种信息，保证公园局域网与广域网的安全连接，及时向国内外发布最新消息和更新公园宣传内容。

1. 网站与网络系统现状

地质公园在网络上对外宣传主要通过以下几种途径（图 6-9）。

（1）旅游网络宣传

在以下网站上均有灵璧磬云山国家地质公园图文宣传资料。

宿州旅游网：http://www.szly.gov.cn/。

蚂蜂窝自由行：http://www.mafengwo.cn/。

中安旅游网：http://travel.anhuinews.com。

百度旅游：http://lvyou.baidu.com/。

（2）专用网站

目前磬云山国家地质公园已建有自己的独立网站（图 6-9）。

公园主页：http://www.qysgeopark.com/

图 6-9　公园网站主页

同时，宿州市人民政府网、灵璧县人民政府网、宿州新闻网、灵璧新闻网等门户网站均有磬云山国家地质公园相关报道内容。

（3）其他途径

在新浪、搜狐、网易、百度等知名网站以及安徽省国土资源网、安徽林业网等播放灵璧磬云山国家地质公园的宣传和在线视频。

在网络宣传上，灵璧磬云山国家地质公园尽管采取了很多措施和方法，但由于在网络上知名度不高、搜索指向性差等原因，没能达到预期的扩大宣传和提高影响力的效果。

2. 网站与网络系统规划

（1）内部局域网建设

规划近期建立地质公园内部网络系统，在灵璧磬云山国家地质公园管理处信息管理中心设立主机，与各景区（点）管理网站服务器的终端联网，中心主机与各终端及时互通信息，主机汇总并发布相关信息。

（2）地质公园网站建设

规划建立灵璧磬云山国家地质公园专用网站，并与其他地质公园建立联系，及时向广大公众、省内外传播推广以公园形象为主的信息化建设工作，以中英文双语形式展示园内地质遗迹风采、科普教育特色和公园研究成果，并为游客提供远程票务、住宿预定、会务预订等服务。网站专人管理，并适时更新与维护。

（3）公园信息中心建设

规划建立公园信息中心，信息中心与数据库、网站网址相连接。信息中心设置在灵璧磬云山国家地质公园管理处（局）内。主要设施包括主机、终端机、信息自动服务台、面对面信息服务台等软硬件设备。及时向游客提供公园的所有信息，包括景区、景区、景点的介绍及分布；各类科普材料；各景区服务项目以及游客数量等动态信息。

二、数据库与信息管理系统

1. 建设目的

地质公园数据库与信息管理系统是对地质遗迹和地质公园进行管理的重要平台。建设地质公园数据库的目的是实现地质遗迹信息的数字化管理和数据共享，规范地质遗迹信息的采集和管理，实现数据的实时更新和资料数据的汇总上报，有利于地质遗迹保护和相关研究工作的开展；建设信息管理系统的目的是实现地质公园数据信息的规范与高效管理，提高运行效率，提升管理能力。地质遗迹数据库与信息管理系统，能实现图件、数据快速查询检索，实现一般图形、数据分析与专项空间分析，实现地质遗迹动态分析预测等工作。

2. 建设要求

（1）资料数字化

在划分地质遗迹保护区、确定地质遗迹类型和等级、建立完整的地质遗迹名录和特殊地质遗迹监测记录的基础上，对形成的基础资料进行数字化处理，形成空间数据与属性数据，满足数据库与信息系统建设要求，保障公园管理的数据支撑。

（2）数据标准化

灵璧磬云山国家地质公园数据库采用相关的国家或行业标准进行建设。地质遗迹及相关数据按现行的国家或行业规范进行标准化处理，满足数据共享，使公园的内部管理有效，外部联通顺畅。地质遗迹数据库元数据标准应参照国家相关标准执行。

（3）结构设计

数据库结构设计和信息系统功能开发满足地质公园管理需求和宣传推广要求。

（4）软硬件环境

数据库采用 SQLServer、ORACLE 等软件，信息管理系统采用 ArcGIS、SuperMap、MapGIS 等主流 GIS 软件作为平台，并将两者有机融合。

3. 功能作用

地质遗迹数据库与信息管理系统内容的确定同地质公园实际相结合。数据库管理包括所有地质遗迹属性数据的分类、存储、组织、处理和所有空间信息的管理，还包括对地质遗迹保护、地质公园建设与管理等相关数据的管理。

地质遗迹数据库的建立主要内容包括地理、地质以及环境信息；地质遗迹的级别、类型、数量、空间分布、图像、文字信息；地质遗迹开发现状、生态状况、可保护性与保护现状以及相关研究成果等。地质遗迹数据库需要不断更新和补充，以满足日后信息检索、分析研究、预测和管理的需求。

数据库具备的主要功能包括：各类基础地质遗迹数据的录入、编辑、查询功能；各类基础地质遗迹数据的分类统计、报表输出功能；专题图件、景点图片数据的录入、浏览和查询功能；地质遗迹数据的综合管理功能。

信息管理系统能完成上述地质遗迹数据的空间显示、查询和编辑输出任务，并与其他相关系统合并开发，如旅游管理子系统、公园行政管理子系统、公园设施管理子系统、气象与灾害监测子系统及事故应急处理子系统等，以便实现地质公园的科学管理。

4. 系统开发

地质公园数据库和信息管理系统的开发分 3 个阶段。

（1）资料与数据准备阶段

包括已有成果资料的筛选利用和野外数据的采集。野外数据的采集主要有地质遗迹的准确位置、特征描述和现场图片等数据信息。进行地质公园地理底图和专项图的绘制与矢量化、地图属性的录入等。

（2）设计与实现阶段

包括系统总体设计、功能设计和开发平台选择、系统代码编写；实现系统设计的各项功能。

（3）系统调试与完善阶段

包括对开发完成的系统进行运行与调试，完善功能、美化界面，保证系统的安全性、稳定性。

数据库与管理系统的建立将为公园管理与研究提供一个很好的平台，自然地理、地质环境、地质遗迹、地质公园等信息都能在平台上实现信息共享。系统由专业技术人员运营维护，定期对数据库进行优化和信息的更新，以保证数据库的正常运行。

5. 应用与管理

磬云山地质遗迹数据库与管理系统是在安徽省地质测绘技术院开发的“安徽省地质公园地理信息系统软件”基础上进一步开发完善（图 6-10）。系统包括信息展示端和数据管理端两个部分，由景点搜索、景点地图（天地图）、景点列表、景点详情、景点图片预览、景点数据管理几个模块组成，基本实现了地质遗迹展示与后台管理等功能（表 6-1）。系统架构整体分为应用层、数据库层、地图影像层（图 6-11）。

表 6-1　地质遗迹数据库与信息管理系统组成

系统	子模块	功能描述
信息展示端	系统启动界面	系统以磬云山的图片为启动界面
	景点列表	可以查看所有的景点数据列表、进行数据筛选
	景点地图	把景点通过经纬度坐标渲染到天地图上
	景点相册	以相册形式展示景点信息，更加直观
	景点详情	可以查看单个景点的详情信息
	图片预览	可以预览单个景点的图片
	地图功能	可以对具体景点直接进行测距、测面积、放大缩小功能
	景点搜索	可以通过关键词快速搜索到相关景点

续表

系统	子模块	功能描述
数据管理端	景点列表	保存所有景点相关信息的数据库
	景点搜索	可以通过关键词在管理端进行景点搜索
	添加景点	可以通过管理端直接添加景点
	编辑景点	可以通过管理端编辑更新景点信息
	删除景点	可以把误上传的景点信息删除
	坐标拾取	可以通过封装的 GIS 功能拾取景点坐标
	图片上传	可以给景点上传对应的图片

中华人民共和国国家版权局
计算机软件著作权登记证书

证书号：软著登字第1221625号

软 件 名 称：安徽省地质公园地理信息系统软件 V1.0

著 作 权 人：安徽省地质测绘技术院

开发完成日期：2015年11月13日

首次发表日期：2015年12月11日

权利取得方式：原始取得

权 利 范 围：全部权利

登 记 号：2016SR043008

根据《计算机软件保护条例》和《计算机软件著作权登记办法》的规定，经中国版权保护中心审核，对以上事项予以登记。

中华人民共和国国家版权局 计算机软件著作权登记专用章

No. 00979096

2016年03月03日

图 6-10　安徽省地质公园地理信息系统

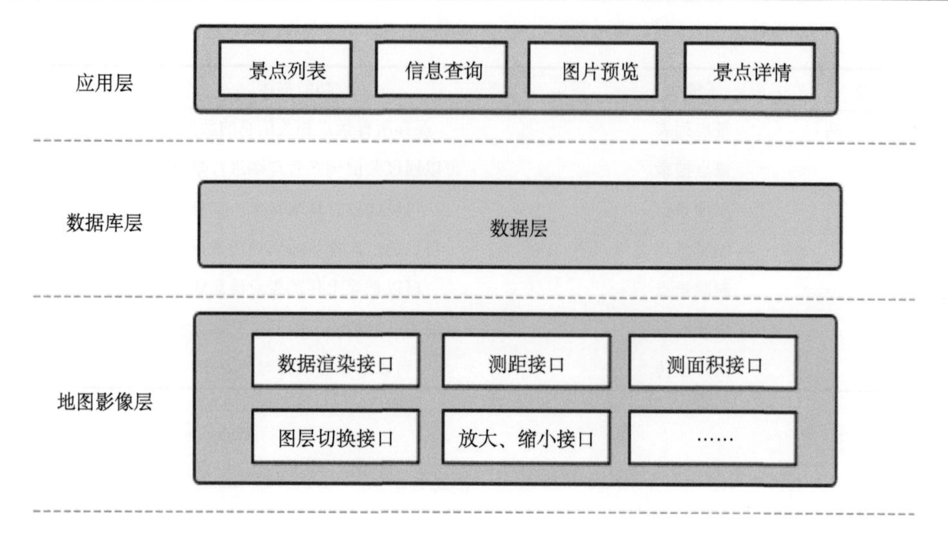

图 6-11　数据管理系统架构

三、监测与监控系统

地质公园监测系统是对公园景观资源、自然环境、地质灾害隐患和游客安全等进行实时监控的总称，由人工监测系统和自动监测系统两部分组成。人工监测系统包括工作人员在公园范围内定时或不定时巡视、巡查和瞭望观察等。自动监测系统由视频摄像头、环境监测仪和远程监控室组成，全方位地实时监测地质公园的景观资源、自然环境状况、游客安全和园区动态。

磬云山国家地质公园监测系统主要包括地质遗迹保护监测、综合环境监测、游客安全监测和基础设施监测四部分。

地质遗迹保护监测：通过设立流动巡查哨、流动警务室及视频摄像头等，严密监测公园内地质遗迹、景观资源的实时状况和保护措施的完好情况。

综合环境监测：通过设立磬云山气象监测站及时掌握公园气象条件变化情况，对恶劣气象及时采取应对措施。

游客安全监测：在环山道路、摩崖石刻等游客集中区域设置固定巡逻岗、安装固定视频监控仪器，实时监测地质公园内游客分布和集散动态。

基础设施监测：通过人员巡逻、摄像头远程监控等手段，监测公园道路交通、游客接待等基础设施。对公园解说系统、科考科普服务设施等安排专人定期检查维护，发现问题及时报告并修缮，保障基础设施的服务功能完好。

通过地质公园监控系统，公园内地质遗迹的毁损、游客的安全、基础设施的完备、自然环境的变化及灾害发生的风险等可得到实时、有效的监控，为地质遗迹和生态环境保护、突发事件的应急和更完善的旅游服务提供支撑。完善的监测系统是保障地质公园可持续发展的重要举措。

为了更好地监测公园内各项指标，规划近期在公园各主要景点及重要位置增装监测仪器，并在游客服务中心建立监控中心。重点监测游客、资源、环境以及安全等，以便及时发现、快速处理突发事件。在公园入口处增设电子大屏幕，向游客及时提供游览信息、游览指南等，引导游客有序游览、疏导游客快速离散，有效加强景区的监控和管理。

四、数字地质公园

数字地质公园是运用 GIS 技术及三维虚拟现实技术，对地质公园、地质遗迹进行充分展示的视教系统；是文字、图片、视频等传统资料与三维信息技术的结合；是更灵活、更直观、更易于被游客接受的地质科学知识传播媒体。数字地质公园应通过科普影视厅、地质博物馆或利用公园网络向公众介绍地质公园的特色、位置、交通情况，介绍地质公园园区区划、功能分区及景点分布，介绍与地质公园相关的地质科学基础知识，并充分运用虚拟现实技术制作“3D”或“4D”影片，向游客进行直观形象的展示。

数字地质公园要求以地理信息系统技术和空间数据库技术为基础，实现空间数据和属性数据的管理与编辑，改变传统的以文字图片为介质的二维平面传播模式。在可能的情况下，融入交互式体验模式，通过人机互动等形式增强传播效果。数字地质公园除了在科普影视厅、地质博物馆等地演示外，还应该在地质公园网站发布。

目前磐云山已制作地质科普影视片两部，在科普影视厅循环播放。在地质博物馆设有电脑触摸屏，游客可以自助了解地质公园基本情况、园区划分、地质遗迹景点分布及特征介绍、地质遗迹类型、典型地质遗迹成因演化、相关旅游服务设施及交通情况介绍等内容。随着二维码、微信、微博等即时通信技术的发展，磐云山国家地质公园规划将公园标识系统也纳入数字化建设范畴。

第四节　公园解说系统建设

一、公园解说系统构成

1. 解说系统建设原则

（1）科学规范原则

地质公园解说系统要严格按照景观形成的由来科学解说，向游客讲述一个科学故事从而达到寓教于游，应在地质知识的基础上，建立科学规范的解说系统，严禁毫无根据的杜撰和错误解说。

（2）分层配套原则

在规划解说系统时要围绕景区地质遗迹的主题展开，对于不同的解说目标应划分层次。如公园整体解说、分区解说、景点解说等。各种解说手段应相互协调，各层次应分层配套。

（3）保护性原则

地质遗迹是在漫长的历史时期形成的非再生资源，保护是第一位。因此，无论是解说的内容还是各种解说手段的运用，都要突出保护的主题，如在典型的地质遗迹点设置警示告示牌。

（4）多样性原则

解说系统的表现形式应该是多样的，包括景区解说牌、科普图书、宣传册、导游图、多媒体互动、导游员解说、信息咨询、科普影视片等。

2. 解说系统的构成

解说系统的构成包括两大部分，分别为景区解说系统和支持系统（图 6-12）。

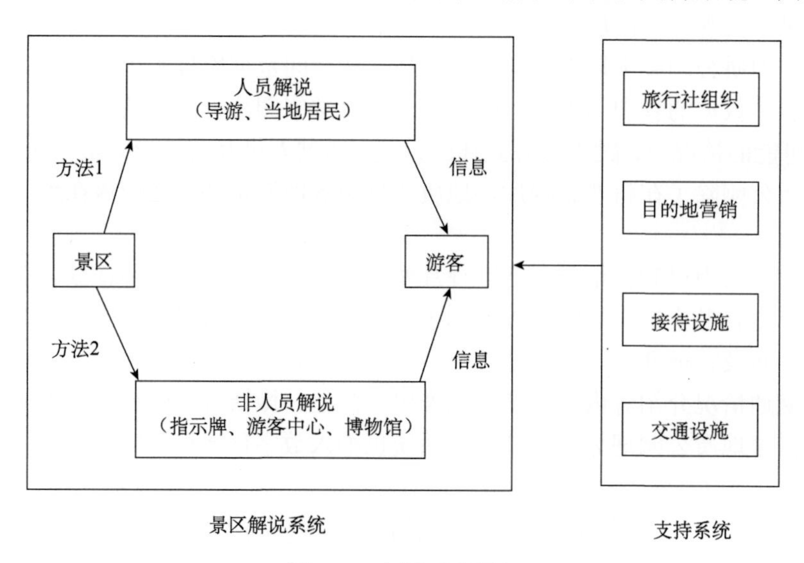

图 6-12　解说系统框架

（1）景区解说系统

景区解说主要是信息的传递，传递方包括人员解说和非人员解说。

① 人员解说

人员解说包括导游员解说和当地居民的参与。由于个体知识水平和素质的差异，人员解说要加强对导游员的培训和管理。

对导游的培训，首先从重视地质公园导游词的编写开始，应邀请地质专家对地质现象进行解释，并用通俗易懂的语言表达出来；其次加强对导游员地学知识的培训，摒弃惯用的对地质地貌的鬼怪神仙传说等解释，增加科学性，这对提升景区品质、深化旅游体验具有积极作用；最后可通过举办地质公园导游大赛来提高景区导游的解说水平。

和谐社会需要和谐旅游，和谐旅游在很大程度上取决于当地居民的素质和参与程度，在地质公园所在地，可以采取措施吸引当地居民对地质公园的兴趣。通过地质遗迹知识培训和其他宣传手段，增强当地居民对景区地质遗迹的了解和欣赏，自觉增强保护和宣传遗迹知识的意识，这会在很大程度上提高游客地质公园旅游的质量和增加游客对当地的旅游感知形象。

② 非人员解说

非人员解说包括各景区解说牌、游客中心、地质博物馆、可携式解说以及景区信息化建设等。

解说牌：解说牌的设立，让游客在游园时，能通过牌示的引导或说明，了解所处地点的环境与资源特色。地质公园内应设置景点解说牌、指示方向牌、安全警示牌、服务牌等各类牌示，展示内容应包括旅游路线、遗迹分布、人文史迹、地质特色介绍等说明。各类解说牌应统一字体大小、颜色、尺寸，合理选择埋设位置。

游客中心：每个地质公园都应该在景区的入口处或主要景（区）点设置游客中心，游客在这里可以免费或有偿获取一些印刷物，了解景区路线、精华景点的位置等。游客中心应该设立大屏幕放映景区地质遗迹形成过程。

可携式解说：主要指便携式语言导游、导游图、宣传册、音像制品以及书籍等。其中便携式语言导游是一种采用网络通信技术的电子智能导游系统，可以融入景点的地理、历史、典故、故事等再配以音乐，到达不同的地点，自动播放解说内容，达到情景和解说的一致。地质公园解说系统中应普及便携式语言导游以方便游客。另外，应与科研院校合作，多出版介绍地质公园和相关知识的导游图、书籍、光盘，并附有中、英文对照，延长顾客对景区的了解时间。

博物馆：在我国地质公园的建设中，要求建设地质博物馆。一个是室内博物馆，馆内有实物标本、图片、模型、电子展示设施等，展出景区地质、生物、民俗、历史等，免费向公众开放，使游客在游览前就得到景区景物的形成原因和发展演变历史等方面的知识；另一个是室外地质博物馆，要求每处重要景点（景物）都要有中英文解说牌。游客在没有导游的情况下，也能得到地质科学知识。

其他解说：景区的解说系统中还包括对景区查询、语音系统的规划，如设置触摸查询系统，让游客了解目前自己的位置、下一个景点方向、名称等；另外，自动语音解说器也是许多现代景区应该配备的一项解说设施，在精华景点可设置中、英文自动语音播放系统，游客只要按下按钮便可收听景点的成因、最佳欣赏面等。

（2）支持系统

对于地质公园来说，解说系统在传递信息时还需要考虑以下要素。

① 旅行社组织

旅行社是组织客源的一个重要渠道，其路线产品的设计会直接对景区客源造成重大的影响。要考虑景区的基本信息是否已经完整无误地传递给了旅游中介部门，同时还要考虑到旅行社是否对景区进行了宣传和推广。

② 旅游目的地营销

“地质公园”一词在中国出现虽早，但地质公园的旅游开发却刚刚起步，尤其是地质遗迹又很少为普通游客所熟悉，因此，要积极开展地质公园的科学性宣传，通过参加旅游交易会、发行地质公园的出版物、建立地质公园网站、多媒体展示、设立广告墙、灯箱等方式来激发游客的兴趣，引导出游倾向。

③ 接待设施

接待设施主要为各类饭店餐饮和宾馆住宿设施，宾馆饭店的指示与服务牌都应采用中、英文对照；客房服务要有较为完善的旅游解说系统；员工能用简单的外语与外宾交流。

④ 交通导引系统

在车站、码头等节点应该加大宣传力度，如设置旅游咨询服务，免费向游客提供地质公园宣传画册、科学导游图。各站牌应该用中、英文对照设置地质公园站点或者直接开通地质公园的专线。在设置交通导引牌时，有意识增加地质公园导引牌。

二、地质公园博物馆

1. 地质博物馆概况

磬云山国家地质公园博物馆是公园解说系统的重要组成部分，位于磬云山景区磬云大道北侧，为仿唐宋风格建筑，总面积2677.8m^2。磬云山国家地质公园博物馆利用图片、文字、模型、实物、影视及信息系统等多媒体形式，向游客全面介绍磬云山概况、地质历史、地质遗迹类型及成因、生态人文环境等内容，向游客免费提供旅游信息，宣传地球科学知识和环境保护意识[图 6-13（a）]。

2. 地质博物馆功能

磬云山地质公园博物馆展陈内容集中了公园内自然景观和地质遗迹精华，融知识性、观赏性、娱乐性于一体，集中向游客展示灵璧奇石和珍贵的地质遗迹景观，具有普及地球科学知识、感知和互动、购物、休息等功能，是一处功能齐全的地学科普场所。

（1）科学知识普及功能

磬云山国家地质公园博物馆是向大众传播地球科学知识的重要途径，是一部精心编辑的地学教科书。通过通俗的文字、简明的绘图和精美的图片，向游客展示神秘的地球在历史演化中的地质作用；展示与磬云山国家地质公园相关各种地质作用的主要地质遗迹以及与磬云山国家地质公园相关的地质作用类型、特点和地质遗迹产物。磬云山国家地质公园博物馆重点展示臼齿构造、震积岩、灵璧石等公园典型的地质遗迹资源，详细介绍了典型地质遗迹资源的形成过程及相关知识。通过参观游览，游客基本能了解磬云山国家地质公园发展历史、主要地质景观、相关人文历史、生态环境等内容，可以增强游客对公园实景游览的欲望，加深地质知识的理解。

（2）感知和互动功能

磬云山国家地质公园博物馆以动感模拟展示、互动操作、触摸屏查询、多媒体演示播放等现代科技手段，让游客在馆内不仅获得美的享受、感受现代化的气息，还体验到科学知识的奇妙和趣味、感知地质公园的博大与精深。地质博物馆还具有游客中心的功能，为游客提供免费的旅游宣传品、地质公园的导览介绍和周边地区的有关旅游信息。

（3）购物功能

磬云山国家地质公园博物馆内设有购物区，提供地质公园纪念品、科普图书和历史文化刊物，也提供地方土特产等，供游客购买。

（4）休息功能

磬云山国家地质公园博物馆设施追求人性化设计，为残障人士、老年人设置专用通道。博物馆内设置休闲座椅、免费提供开水，使游客在感受大自然的同时能感受地质公园温馨的服务。

3. 博物馆功能分区

磬云山国家地质公园博物馆根据游览需求，设置5个功能区。

（1）展陈区

磬云山国家地质公园博物馆展陈区是普及地学知识、弘扬奇石文化的重要场所，集中展示反映了公园的主要特色，由走进磬云山、沧海桑田、喀斯特地貌、臼齿构造、古生物化石宝库、生态家园、人文辉煌七个主题展厅组成。全面向游客展示公园地理和社会环境、地质科学基础知识、主要地质遗迹景观介绍及成因解释、区域地质演化历史、地质科学研究历史、地质公园建设与地质遗迹保护、生物多样性和人文景观、地质景观分布图、科考路线等内容。展陈方法主要有公园沙盘、成果图件、实物标本、互动设备、科学文献等。

（2）演示区

磬云山国家地质公园博物馆设有开放式演示区。利用现代多媒体技术，充分展示公园地质地貌特点，最大限度地向游客提供相关地学知识和旅游信息资料。演示区提供基于 GIS 的地质公园信息系统和地质遗迹演示系统，含地质遗迹景观数据库、三维动画演示及信息查询系统。

（3）互动区

磬云山国家地质公园博物馆设有互动设施，以直观、生动、有趣味的表现形式，让游客亲身感受地质遗迹形成过程，领略地球的奥秘、体验学习的愉悦，充分实现科学文化知识传播和观众互动参与的协调统一。

（4）休息区

磬云山国家地质公园博物馆充分利用馆内场地空间设置游客休息区，供游客在参观游览的间隙短暂休息，并提供公园的安全服务和咨询服务，免费提供地质公园的宣传资料；提供旅游用品和地质旅游纪念品零售服务，出售与地质公园相关的科普图书、影像制品等。

（5）科普影视厅

磬云山国家地质公园博物馆设有科普影视厅，为环幕影院，建筑面积约 $100m^2$，可以容纳 30 余人观看[图 6-13（b）]。科普影视厅利用现代影视技术，再现磬云山地质变迁过程。影视厅常年播放反映磬云山国家地质公园特色的科普片以及央视 4 套“走遍中国”栏目制作的《奇石仙踪》、《赌石》，央视 10 套“探索发现”栏目制作的《灵璧石之聆石天籁》、《灵璧石之灵石天资》等影视片[图 6-13（c）]。

（a）地质博物馆

（b）环幕影院

（c）科普影视厅

图 6-13　地质博物馆及科普影视厅

三、公园主、副碑

1. 主碑

主碑是地质公园重要的标志，是地质公园的象征，通常设立在公园主入口处。磬云山国家地质公园主碑位于公园西门入口处，设立位置平坦空旷，易于游客浏览留影。碑体选用一块长约 10m、高约 3.5m、造型别致的天然灵璧石，充分体现了公园以典型岩石——灵璧石为特色。主碑刻有国家地质公园标志、地质公园名称等内容[图 6-14（a）]。主碑前侧建有公园介绍牌、遗迹点分布牌等配套设施，材质为木质，主要介绍公园范围、地质遗迹特色、科考路线等内容[图 6-14（b）]。公园主碑前设有地质广场，布局合理，设计大方，充分体现了公园特色，与周边环境十分融洽，深受游客的喜爱。

（a）主碑

（b）介绍牌

（c）副碑

图 6-14 公园主副碑及介绍牌

2. 副碑

副碑通常设立在重要园区（景区）入口处，是公园主碑的补充。磬云山景区副碑设立在磬云山环山路停车场，场地平坦，易于游客浏览。副碑选用灵璧磬石材料，顶部雕刻地质公园徽标和公园名称，中间雕刻磬云山景区名称，下部雕刻设立单位和设立时间，副碑旁边配套建设景区导游图[图 6-14（c）]。

四、景点（物）解说牌

景点解说即景区、景点的户外解说，是地质公园标识系统的重要组成部分，是地质公园的形象，其设置和编写除了遵循解说系统规划的基本原则外，解说牌的具体位置需要经过实地踏勘，与实景对照，设计风格与周围环境协调。

景点解说牌包括景观标志牌和景点说明牌。景观标志牌仅需要表明此处景观的名字即可；景点说明牌除标明景点名字之外，要对该景点进行说明，要能够反映景点特色、图文并茂、文字介绍简明扼要并运用中、英文对照。景点说明分布于各个旅游景点上，是对景点的介绍、描述，方便游客参观、理解。根据各个不同景点、景观的重要性进行这两种解说牌的合理选择。

景点说明牌的文字说明包括公园、景区、景点（物）的名称；地质景观的类型名称；景点（物）的基本科学数据和描述；景点所在的海拔高度或海拔范围；景点（物）成因的科学解释与说明；景点（物）的其他说明。

景点说明牌的图示说明包括地质景观类型的标徽、景点在游览区或景区中的位置示意图；周边最近景点及相距里程；对景点进行解说的示意图、照片。

磬云山国家地质公园景点解说牌体系包括区域说明牌系列、景点说明牌系列、管理说明牌系列。其中区域说明牌系列有公园说明牌、景区说明牌、功能区说明牌等。景点说明牌系列有构造形迹、地质界线、岩石景观、地貌景观、环境地质景观等。管理说明牌系列有环保提示、安全提示、求助提示等。

五、公共信息标识牌

公共信息标识牌的作用是为游客提供信息服务与向导服务。公共信息标识牌的制作要满足直观，美观，生态，规范的要求。材质多采用本地石材、钢质、木质，分为游览导向标示牌、信息标识牌、管理标识牌、公共宣传牌及公共服务设施标识牌等几大类。

游览导向标示牌用于告知游客景点游览须知、景点设施、景点游览路线等。设计不拘泥于一种形式，既要符合审美需要又要考虑地形、气候的特殊情况。在游览路线较为狭窄的地段，游览标识牌可以镶嵌在崖壁上，或者直接在崖壁上面雕凿；在停车场等地势平缓空旷地段设置大型、彩色的游览标示牌，选取木制或者金属材料。

信息表标识牌包括两大类，一类为电子信息标识牌，主要位于景区入口处、游客中心、地质博物馆等处，用于告诉游客公园各种活动信息。另一类为图文介绍信息标识牌，位于景区主要道路分叉口，用于介绍景区景点游览分布并标明游客所在位置，方便游客挑选路线游览。

管理标识牌用于告知、劝说、安全警示、提示游客，设计醒目，能引起游客注意，能起到规范游客行为，预防事故，保护公共设施作用。管理标识牌要辅以外文翻译和国际通用的安全警示标志，选取材料要不容易磨损，并涂有夜间可见的荧光色，使得在远距离外可见。

公共宣传标识牌主要为地质遗迹保护、生态保护工作的宣传，提醒游客地质遗迹保护和生态保护工作的不易，使游客自觉加入到保护工作的行列中。语言委婉、尊重游客，引起共鸣，并辅以外文翻译和温馨图片。

公共服务设施标识牌主要用于指引游客至公共服务设施区域。

六、科普读物

1. 科普图书出版

科普图书是推广宣传地质公园的重要媒介，是地质公园开展科学知识普及的重要手段。磐云山国家地质公园出版的科普图书主要有科学导游图、导游手册、地质公园丛书等。

（1）科学导游图

科学导游图是游客了解磐云山主要地质遗迹、交通信息、旅游资讯的重要途径。导游图以卫星影像图为底图转换成地貌晕染图，直观地将主要地质遗迹景观、人文景观的位置，公园大门、游客中心、博物馆、餐饮、住宿、医疗、救护、卫生间、停车场等场所的位置标示出来，并将公园设置的科学考察路线、人文景观路线标示出来供游客选择。

（2）导游手册

导游手册是在科学导游图的基础上，图文并茂地介绍公园主要景点及特色，是游客详细了解公园特色的重要途径，也是公园对外宣传的手段。

（3）地质公园丛书

地质公园丛书由中国地质学会发起，是以国家地质公园为单位，组织国内旅游地学专家编撰形成。丛书从科学导游的角度，深入浅出、图文并茂地阐述地质公园地质遗迹景观的形成、演化、发展过程，系统介绍公园自然和人文景观，使科学和人文融为一体。磬云山作为国家地质公园的组成部分，积极组织专家编著了《中国国家地质公园丛书——磬云山科学导游指南》，由安徽科技出版社出版，面向全国发行。

2. 科普读物创作

科普读物是与科学技术普及有关的作品，是以公园地质遗迹为主体内容，普及和宣传地球科学与地质科技知识的作品。由于地质公园科普读物在知识容量和内容表达、读者理解方式和认知程度等方面存在明显差异。因此，磬云山国家地质公园未来将按不同读者人群进行科普读物创作。

（1）儿童系列

针对 4～5 岁儿童，公园将创作一些由色彩鲜艳、线条简单、形状明显的图画构成的科普读物。通过文字和画面，感知磬云山的景区、地形、景观等，认知太阳、月球和地球等地学基础知识。针对 6～8 岁儿童，公园将创作以图画为主，配以简单的文字和拼音、表现地质公园徽标、山水、岩石、化石、地球等图形的科普读物。画面应简洁，易于看图识字。通过拼音认字和画面感受，了解地质公园、岩石、地球等科学知识。

（2）青少年系列

青少年以中、小学生群体为主，科普读物应采用生动形象的语言和图文并茂的形式，展示与描述地质公园、典型地质景观、地球演化过程和生态环境等内容。通过读物，让青少年了解地质公园概念、地质公园建设意义、地质公园徽标的含义、中国地质公园数量与分布等知识，知道磬云山国家地质公园的典型地质遗迹、特征、形成过程等，让青少年在游玩的同时，了解相关地质科学知识，增强对大自然的热爱之情。

（3）成人系列

地质概念大多比较专业，普通成人对地学知识的了解一般比较浅显或缺乏。

公园将创作一些以简明通俗的语言文字、景物图片组成的科普读物，重点解说磬云山地质遗迹的科学成因。通过对地质公园概念、磬云山地质景观、人文历史、生态环境、地质遗迹保护等内容的展示，让普通游客了解地质公园的来历和功能，磬云山地质遗迹类型及成因、地质遗迹保护与利用等知识，提高游客的科学素养，增强游客的生态环保意识。

第五节 地质遗迹资源保护

根据我国相关法律法规规定，地质遗迹保护是我国各级政府的一项管理职责，也是地质公园建设的核心内容。地质遗迹是一种珍贵的不可再生的资源，是研究地质演化的珍贵实物，也是一种特殊的地质资源类型，具有独特的开发利用价值，对社会文明与进步、地方建设与发展具有十分重要的作用。因此，地质遗迹保护对科学研究、社会进步和经济发展具有重要意义。

一、地质遗迹的保护分区

1. 地质遗迹保护级别

根据磬云山国家地质公园地质遗迹资源的分布规律、可保护属性，将公园内地质遗迹景观保护划分为点状、线状、面状三种保护类型。按照地质遗迹的科学价值、珍稀程度和重要性，划分为一级、二级和三级地质遗迹保护区。

地质遗迹保护区的范围以能够保护地质遗迹资源免遭破坏为前提，根据地质遗迹的分布规律，充分考虑以山脊线、山谷线、山体边线、道路、行政边界、土地权属边界等具有明显分界特征的地物线为保护区界线，并测定保护区边界拐点坐标。

2. 地质遗迹保护区划分

根据地质遗迹分布规划及保护现状，磬云山国家地质公园划分为三个等级地质遗迹保护区。其中一级保护区 4 处，分别位于磬云山东侧、土山山顶、后崇山山顶、宋代采坑遗址四个区域，保护面积约 0.14 km^2；二级保护区 6 处，分别位于小花山、磬云山西侧、土山、后崇山、前崇山、前崇山西，保护面积约 0.69 km^2，三级保护区 3 处，分别位于磬云山、土山、崇山，保护面积约 1.23 km^2。磬云山国家地质公园地质遗迹保护区规划见图 6-15。

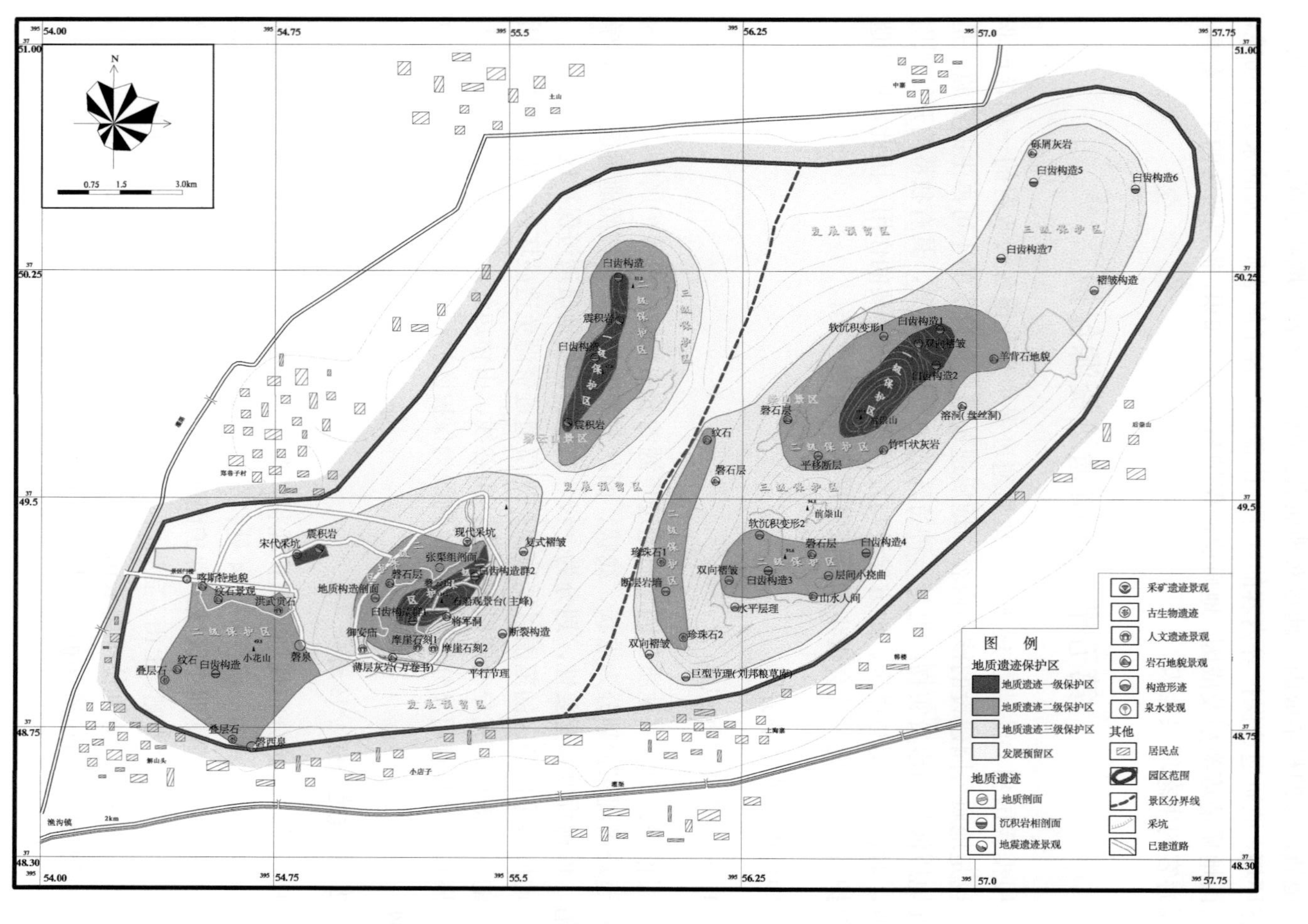

图 6-15　磬云山国家地质公园地质遗迹保护区规划图

3. 各级保护区的控制要求

（1）总的控制要求

① 不得进行任何与地质遗迹保护功能不相符的工程建设活动。

② 不得进行矿产资源勘查与开发活动。

③ 不得新设立宾馆、招待所、疗养院、培训中心等大型服务设施。

（2）一级保护区控制要求

① 严禁区内采矿活动，严格监管区内灵璧石偷盗采现象，一经发现，予以重罚。

② 严格保护区内地质遗迹景观，严禁对地形地貌人为改变或破坏。

③ 严格控制游客数量，在典型的地质遗迹点设置必要的保护隔离措施。

④ 除必要的安全、卫生及旅游设施外，不得任意修建建筑物；有碍景观视觉审美的已有建筑物应拆除；必要的旅游设施，其体量与风格应与自然相协调。

⑤ 景区内除解说牌、方向牌、公益提示牌外，严禁不当的商业广告。

⑥ 对景区内进行生态复育，在适当区域进行绿化培育。

⑦ 严禁采石，未批准不得采集岩石标本，严禁交通工具在区内行驶。

（3）二级保护区控制要求

① 严禁各种采矿活动，严厉打击偷盗采现象。

② 合理控制游客数量，在一些易受游客接触而破坏的地质遗迹点设置必要的保护措施。

③ 允许设置少量服务设施，但必须限制与地质景观游览无关的建筑，各项建筑与设施应与景观环境相协调。

④ 不得进行任何与保护功能不相符的工程建设活动，可以设置必要的游览设施，以不破坏景观，不污染环境为前提，并要控制其体量与风格。

⑤ 不得设立宾馆、招待所、培训中心、疗养院等大型服务设施。

⑥ 禁止开山、开荒等破坏地貌景观植被的活动；不得设立任何形式的工业开发区；不得进行矿产资源勘查、开发活动。

（4）三级保护区控制要求

① 禁止矿产资源开发活动。

② 严禁建设与地质遗迹保护无关的建筑；允许设立适量的旅游服务设施，并与自然环境相协调。

③ 合理控制游客数量，在地质遗迹点设置温馨告示牌。

④ 一切宜林荒地均实施绿化，防止水土流失。

二、环境容量计算与控制

1. 环境容量的计算

依据公园自然环境的承载能力和地质旅游的要求，科学合理确定公园生态环境安全容量，并据此确定旅游发展规划。地质旅游开发应将不利影响降到最低限，不超过公园生态承载能力。

确定合理的游人容量是保证地质公园可持续发展的基础。合理的游人容量应同时满足三个方面的要求：有效保存各旅游资源，维持高质量的生态环境；在保证公园旅游资源持续发展利用的前提下，力争容纳最多的游客；满足游客游览要求，为游客提供舒适、便利、安全的游憩环境和设施。

（1）指标选定

① 生态指标

保持现有植被和森林覆盖率，不破坏环境和自然景观，不影响动植物的生活环境。

② 环境质量指标

大气环境质量执行 GB3095—2012 标准中的一级标准。

水体质量环境执行 GB3838—2002 标准，其中饮用水源为 I 类或 II 类标准，观赏水体为 II 类或 III 类标准，纳污水体不得低于 IV 类水体。

噪音环境质量参照执行 GB3096—2008 标准中的居民、文教区标准。

生活垃圾不得妨碍景观和导致水质超标。

③ 设施指标

建筑物占地面积以外缘道路为界，不得大于所围区面积的 2%，且不得明显影响景观；用水量指标，执行国家供水设计规范所列同类型标准下限。污水处理标准，必须进行二级生化处理、处理程度达 80%以上；交通指标，游览线路布局合理，在保护景观和便于游客游览的基础上使游览顺畅。

④ 游客感应指标

以观景为主的游览步道取 6m/人；以交通功能为主的步道取 12m/人；景点适宜容量指标取 60m^2/人。

（2）容量预测

磬云山国家地质公园的旅游环境容量由一次性游客容量、日游客容量、年游客容量三个层次表示，其计算方法主要有游览线路法、游览面积法等。

① 游览线路法

游览路线法计算公式为

$$C_{日} = M \times D / m \qquad (6\text{-}1)$$

式中，$C_{日}$为日容量（人次/日）；M为游览步道的长度（m）；D为日周转率（一般在1～4之间取值）；m为每位游客合理占游览步道的长度（m/人）。

磐云山现有主要游览步道长度M约为5 km，游人间距m取6m/人，周转率D为4（景区开放时间为8个小时，游览公园所需时间约为2个小时），根据旅游区气候条件定全年游览天数为260天。根据核心景区项目开发的定位，利用公式（6-1）计算游人容量。

一次性游人容量：5000m÷6m/人＝833人次

日游人容量：5000m÷6 m/人×4=3333人次

年游人容量：3333人次/日×260日＝86.6万人次。

② 游览面积法

游览面积法计算公式

$$C_{日} = S \times D / s \tag{6-2}$$

式中，$C_{日}$为日容量（人次/日）；S为游览景区的面积（m^2）；D为日周转率（一般在1～4之间取值）；s为每位游客应占合理面积（m^2/人）。

公园主要游览面积约80 000m^2，景点适宜容量指标s取60 m^2/人，周转率为4（景区开放时间为8个小时，游览所需时间约为2个小时），根据旅游区气候条件定全年游览天数为260天。根据公园开发定位，利用公式（6-2）计算游人容量。

一次性游人容量：80 000m^2÷60m^2/人＝1333人次。

日游人容量：80 000m^2÷60m^2/人×4＝5333人次。

年游人容量：5333人次/日×260日＝138.6万人次。

③ 容量预测

根据游览线路法和游览面积法计算结果，公园年游人容量取两者中值，磐云山国家地质公园年游人环境容量为112.6万人次。未来随着旅游景区的扩容，景区可游览面积将会增加，旅游容量将相应增大。

2. 环境容量的控制

目前，公园游客空间分布主要集中在磐云山景区，日游客量约200人次/日，其中三分之二游客到达磐云山景区内游玩。

公园人文景观集中在摩崖石刻、御安庙遗址、宋代采坑遗址，也是游客最集中的区域，需要对上述等景点进行日容量统计，与风景区日游客容量进行校核。

环境容量控制是保证公园健康可持续发展的重要举措。环境容量的控制应该因时、因地而异，在游客高峰期应严格控制进入景区的游客数量；在旅游淡季，应开发旅游项目吸引游客，以实现公园设施的正常运转。同时应充分整合区内旅游资源，有重点、有针对性地开发景区内景点，均匀分布，尤其是加大崇山景区的开发力度，保证公园内的环境容量能得到合理的开发利用，从而实现游客的合理分流，避免出现某些景点客流量过分集中，甚至出现环境容量超载情况发生。

三、地质遗迹的保护措施

磬云山采石历史悠久，唐宋和明清时期最为鼎盛。长时间的采石活动对公园内地质遗迹资源和地形地貌景观造成一定的破坏。为保护珍贵的灵璧石资源，转变灵璧石开采利用思路，灵璧县人民政府启动了灵璧石原产地——磬云山地区地质遗迹资源的保护工作，先后完成了公园管理处筹建、土地权属确权、植被修复与生态重建、地质遗迹清理、基础设施建设等保护措施，基本实现公园地质遗迹保护与地学旅游开发目的。

1. 地质遗迹保护名录

根据地质遗迹调查评价结果，逐个登记地质遗迹点基本情况，建立地质遗迹档案，按类按级编列地质遗迹名录，并在此基础上建立地质遗迹资源数据库。磬云山国家地质公园主要地质遗迹名录见表 6-2 所示。

表 6-2　磬云山国家地质公园地质遗迹名录

序号	地质遗迹名称	地质遗迹类型	特征描述	评价等级	保护等级
1	纹石	岩石地貌景观	呈同心圆环状纹理，具均一结构，无颜色、结构上的差别，不发育明显纹层构造	国家级	一级
2	叠层石	古生物遗迹	沉积构造，断面显示暗色富有机质纹层和浅色富矿物纹层交替叠置结构	国家级	一级
3	珍珠石	古生物遗迹	岩石表面有似“珍珠”的球状体孤立或聚集分布，学术界多认为是实体宏观藻类化石	国家级	一级
4	白灵璧石	岩石地貌景观	一种硅质灰岩结核构造，以方解石为主，含有少量的石英，具交代结构	国家级	一级
5	臼齿构造群	沉积岩相剖面	赋存于浅水潮下张渠组碳酸盐岩中的特殊沉积构造，形态上类似大象的臼齿	国家级	一级
6	放射状臼齿构造	沉积岩相剖面	张渠组碳酸盐岩中的特殊沉积构造，类似大象的臼齿，表面呈放射状特征	国家级	一级
7	垂直裂隙状臼齿构造	沉积岩相剖面	张渠组碳酸盐岩中的特殊沉积构造，类似大象的臼齿，表面呈垂直裂隙状特征	国家级	一级
8	倾斜裂隙状臼齿构造	沉积岩相剖面	张渠组碳酸盐岩中的特殊沉积构造，类似大象的臼齿，表面呈倾斜裂隙状特征	国家级	一级
9	网状臼齿构造	沉积岩相剖面	张渠组碳酸盐岩中的特殊沉积构造，类似大象的臼齿，表面呈网状特征	国家级	一级

续表

序号	地质遗迹名称	地质遗迹类型	特征描述	评价等级	保护等级
10	龟甲状臼齿构造	沉积岩相剖面	张渠组碳酸盐岩中的特殊沉积构造，类似大象的臼齿，表面呈龟甲状特征	国家级	一级
11	流线状臼齿构造	沉积岩相剖面	张渠组碳酸盐岩中的特殊沉积构造，类似的大象臼齿，表面呈流线状特征	国家级	一级
12	同心圆状臼齿构造	沉积岩相剖面	张渠组碳酸盐岩中的特殊沉积构造，类似大象的臼齿，表面呈同心状特征	国家级	一级
13	圆圈状臼齿构造	沉积岩相剖面	张渠组碳酸盐岩中的特殊沉积构造，类似大象的臼齿，表面呈圆圈状特征	国家级	一级
14	震积岩	地震遗迹景观	历史上强地震事件形成，岩石表面分布液化碳酸盐岩脉，岩脉宽约 1～3cm	国家级	一级
15	震碎角砾岩	地震遗迹景观	固结或弱固结的沉积岩在强烈地震作用下碎裂成大小不一的角砾堆积而成	国家级	一级
16	塑性砾屑层	地震遗迹景观	未固结的碳酸盐沉积岩在地震作用下液化流动而成，具明显的塑性变形形态	国家级	一级
17	宋代采坑遗址	采矿遗迹景观	长约 10m，宽约 6m，据考证始采于宋代，距今千年，几近淤平，但轮廓依稀可辨	国家级	一级
18	磬石层	岩石地貌景观	张渠组薄层灰岩，有机质丰富，矿物颗粒极细（0.01～0.02 mm），声音清脆	国家级	一级
19	磬石长廊	沉积岩相剖面	长约 20m、高约 2m，薄层状黑色微晶灰岩，岩层平缓，近乎水平，犹如一条长廊	国家级	一级
20	长石阵	岩石地貌景观	崎岖蜿蜒似一条长龙，长约 123m，宽 14m，沿岩层走向延伸，非常壮观	省级	二级
21	石船	岩石地貌景观	磬云山主峰海拔 114.2m，形似石船，登顶可一览皖北平原风光，亦可远眺小镇	省级	二级
22	叠层石灰岩	岩石地貌景观	平面上呈水平层状，剖面上则呈相互平行掌状体，内部可见具平行的细纹层	省级	二级
23	张渠组剖面	沉积岩相剖面	新元古代灰岩，地层平缓，厚度稳定，层理明显，保存有古生物遗迹，如叠层石	省级	二级
24	张渠组地层界线	沉积岩相剖面	张渠组一段与二段之间的界线。其中一段多发育磬石，二段多发育纹石	省级	二级
25	复杂构造观察点	构造形迹	构造地质中的节理、断层与褶皱均发育齐全，是野外理想的构造地质学观察点	省级	二级
26	断层岩墙	构造形迹	颜色黄褐色，厚约 15cm，长宽约 2.5 m×2 m，由断层角砾岩、泥质组成	省级	二级
27	断裂缝	构造形迹	宽约 0.5m，长度、深度未探明，前期受力挤压，后期因导水溶蚀逐步扩大而形成	省级	二级
28	双向褶皱	构造形迹	采矿出露，长约 20m，高约 3m，由东西两个方向褶皱组成，产状平缓	省级	二级

续表

序号	地质遗迹名称	地质遗迹类型	特征描述	评价等级	保护等级
29	三组交汇巨型节理	构造形迹	三角棱柱状空间，边长约 20 m，深约 10m，似刀切一般，岩壁上有约 $1m^2$ 的岩洞	省级	二级
30	软沉积变形	构造形迹	岩层中含有较大块结核，岩层发生弯曲，结核大小约 40cm×40cm	省级	二级
31	层间小挠曲	构造形迹	岩层层理发生挠曲，呈波浪折叠状，大小约 30cm×30cm，形态优美	省以下级	三级
32	平移断层	构造形迹	采矿出露，可见明显断层直线，长约 3m。两侧可见岩层平移，无断距	省以下级	三级
33	羊背石地貌	岩石地貌景观	可溶性岩石受含 CO_2 的流水溶蚀作用，形成石质小丘，犹如羊群伏在地面	省以下级	三级
34	竹叶状灰岩	岩石地貌景观	沉积物遭水流冲刷、破碎、磨蚀后再次沉积而成的砾石呈竹叶状排列的灰岩	省以下级	三级
35	砾屑灰岩	岩石地貌景观	沉积物遭水流冲刷、破碎、磨蚀后再次沉积而成的具有砾屑结构的灰岩	省以下级	三级
36	泥灰岩	岩石地貌景观	由泥质颗粒和碳酸盐微粒组成，呈微粒状或泥状结构，一般粒径小于 0.01mm	省以下级	三级
37	万卷书	沉积岩相剖面	产状平缓，厚度稳定，犹如一本待打开的书，岩石有机质含量丰富，声音清脆	省以下级	三级
38	磬泉	水文地质遗迹	下降泉，水流在重力作用下呈下降运动，受气候、水文等因素影响，季节性变化	省以下级	三级
39	背斜构造	构造形迹	岩层自中心向外倾斜，核部是老岩层，两翼是新岩层，此处出露为背斜一翼	省以下级	三级
40	睡象石	岩石地貌景观	长约 6m，宽约 4m，形似一头侧卧的大象，席地酣睡，实为岩溶作用形成	省以下级	三级
41	巨蜥石	岩石地貌景观	长约 4m，宽约 1m，犹如一只巨蜥，匍匐在草丛中，伺机而动，实为岩溶作用形成	省以下级	三级
42	飞来石	岩石地貌景观	周边环立四颗大树，底部基本被雨水掏空，仅留一撮黄土支撑石体	省以下级	三级
43	方解石脉	构造形迹	沿断裂、节理的裂缝生长发育，常与构造活动相关，是断层中较为常见的物质	省以下级	三级
44	磬石采坑	采矿遗迹景观	地层平缓，厚度稳定，层理明显，是了解灵璧石采石工艺、工序、工具的重要场所	省以下级	三级
45	将军洞	构造形迹	呈底大口小酒瓶状，深约 5m。相传抗战期间一位将军在此疗伤，为岩石碎裂崩落形成	省以下级	三级
46	石屋洞	构造形迹	深约 6m、宽约 2m、高约 3m，洞口形状方正，形似石屋，为岩石碎裂崩落形成	省以下级	三级
47	盘丝洞	构造形迹	大小 1m×0.5m×0.8 m，呈圆状向内向下延伸，洞口多被蜘蛛盘丝封住，为岩石碎裂崩落形成	省以下级	三级
48	X 形节理	构造形迹	岩石受剪切应力破裂形成两组剪节理，夹角为共轭剪裂角，节理面光滑平直	省以下级	三级

2. 地质公园边界勘测

（1）边界勘测原则

以科学为依据，实事求是、规模适当、方便管理；包含构成地质公园的主要地质遗迹并能实施有效保护；有利于地学旅游事业，促进地方经济社会可持续发展。

（2）边界勘测要求

利用GPS定位系统，结合卫星遥感图像，准确测定公园边界范围。公园边界勘测应充分利用山脊线、山谷线、边坡线、道路、土地权属边界等具有明显分界特征的地物界限。

（3）边界勘测过程

① 界址点选择

一般选在实地地貌不易辨别的边界线转折处，过境道路与边界线相交处，山口、平缓的山顶处，道路等线状地物的起讫处，土地权属线与边界线相交处。

② 界址点初设

以1：10 000地形图为底图，沿公园边界线实地踏勘拟设界桩点位置，标出界桩点号、界桩方位物、边界线和指北方向。

③ 界址点实测

根据界桩位置略图，通过GPS定位系统等测绘手段进行实地测量，准确记录界桩拐点坐标，并编制磬云山国家地质公园界址点之记，详细记录界址点号、点名、点位说明、点位位置图、点位方向、作业单位、作业人员等内容。

④ 绘制边界图

根据界址点实测成果，以地形图为底图绘制公园边界图（图6-16）。边界图是公园管理的重要依据，也是公园地质遗迹保护与规划建设的重要基础资料。

⑤ 资料成果存档

为巩固勘界成果，便于公园边界管理，勘界成果需要建库存档。存档资料主要有公园边界拐点坐标、界址点拐点坐标、界址点之记、公园边界图及其他需要存档的材料。

（4）公园界碑埋设

在磬云山国家地质公园边界线上的主要拐点和与权属线、道路线、地形线等具有明显界线的相交点设立公园界碑，共设立22处界碑。公园界碑采用磬石为材料，正面雕刻有国家地质公园徽标、地质公园名称、界碑点号、界碑坐标、设立单位、设立时间等内容，背面雕刻“保护地质遗迹”、“保护生态环境”、“法律保护、严禁毁损”等温馨提示语。公园安排专人不定期巡查界碑，发现毁损及时制止并维修更换。磬云山国家地质公园边界勘测与界桩埋设见图6-17。

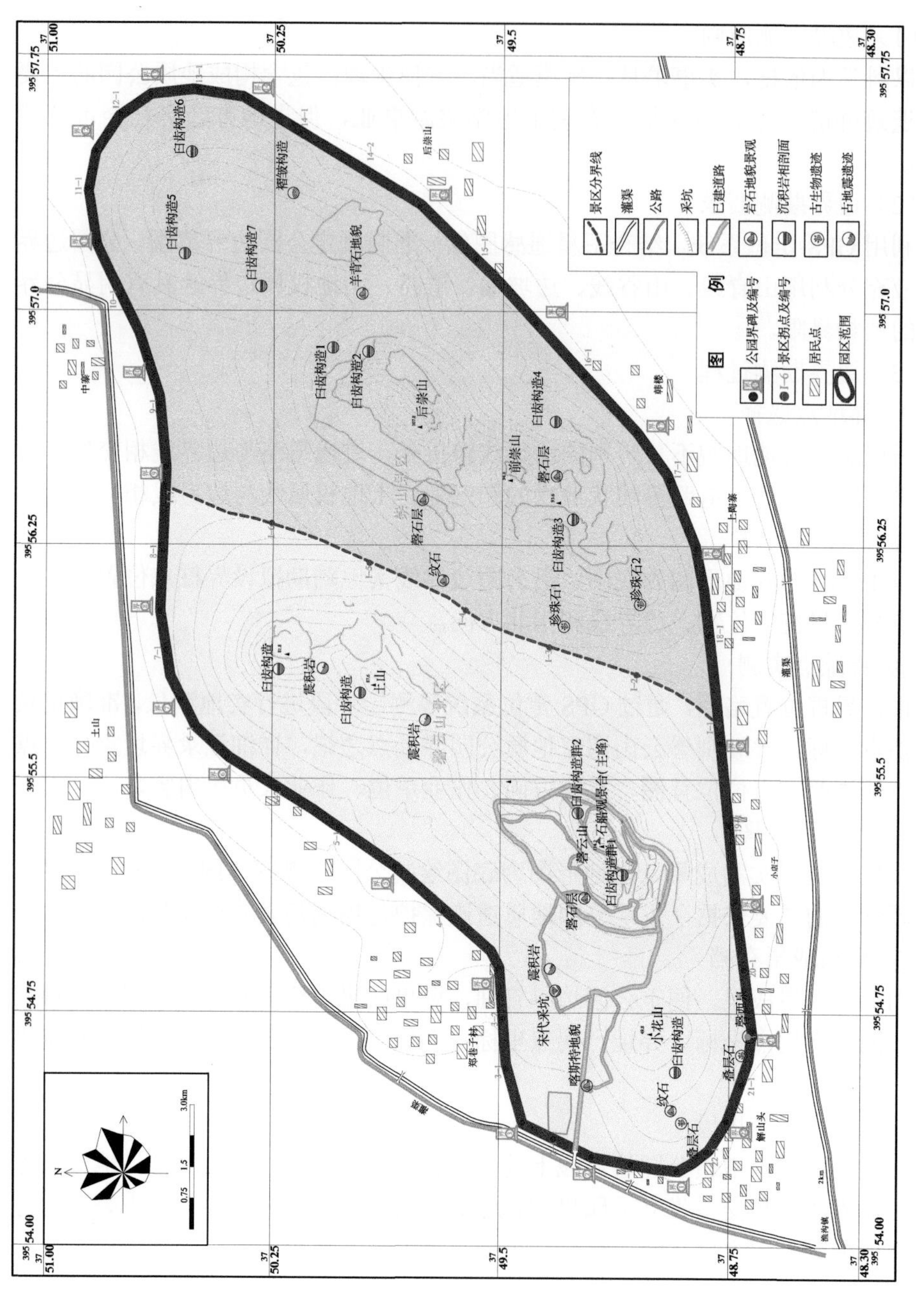

图6-16　磬云山国家地质公园边界图

图 6-17　边界勘测与界桩埋设

3. 地质遗迹保护措施

（1）表土清理与地形整平

磬云山国家地质公园内臼齿构造碳酸盐岩、震积岩、岩溶地貌、宋代采坑遗址等地质遗迹点大多位于坡麓地带，部分被第四系表土覆盖。为了更好地进行地学研究和地质科普教育活动，充分展示地质遗迹资源，公园对部分地质遗迹点表层土壤进行清理，重点清理出了长石阵、宋代采矿遗址、震积岩、臼齿构造等地质遗迹点。地质遗迹点清理出来后，选择适当位置，设立地质遗迹解说牌，必要时设立防护链等隔离措施[图 6-18（a）、（b）]。磬云山地质遗迹点多为采矿出露，地面坑洼不平，造成视觉污染。为了充分利用地质遗迹资源，公园开展了大量的地形整平工程，整平后对地面进行硬化。重点整平了宋代摩崖石刻、十八罗汉、万卷书、张渠组地层等景观以及环山路、登山步道等道路路基[图 6-18（c）、（d）]。通过表土清理与地形整平工程的实施，展示了地质公园珍贵的地质遗迹资源，促进了公园地学科普、地学旅游工作的开展。

（a）遗迹点清理前

（b）遗迹点清理后

（c）登山步道整平前

（d）登山步道整平后

图 6-18 表土清理与整平工程

（2）生态修复与植被重建

由于历史采石等原因，磬云山国家地质公园内植被资源多被破坏，不少岩层裸露。采石活动一方面揭露了许多地质遗迹景观，另一方面造成山体地形地貌破坏，视觉污染严重。为了改善公园生态环境，灵璧县投入巨资实施了多期生态修复与植被重建工程，通过地形整平、客土覆盖、植物培育、生态绿化等措施，恢复公园生态植被环境。经过多年的努力，目前磬云山景区的生态系统逐渐恢复，生态环境持续改善，为公园的地学旅游与建设发展创作了良好的条件（图 6-19）。

（3）园区动态巡查

磬云山国家地质公园建设时间较短，目前处于全开放状态，人员、车辆可以随意进出园区。为了加强园区内地质遗迹资源和生态环境的保护，杜绝破坏地质遗迹资源现象发生，灵璧县政府加大了磬云山国家地质公园管理力度，及时配置了巡查车辆与设备，安排专门人员对园区进行动态巡查。磬云山国家地质公园管理处作为公园管理机构，将地质遗迹资源保护作为首要工作任务，积极牵头与周边村民组签订地质遗迹保护责任书，明确各自的保护责任，并与村民组联合建立公园动态巡查机制，鼓励当地居民积极参与地质遗迹保护工作。

（4）区域协调发展

地质遗迹是不可再生的珍贵资源，在地质公园旅游开发过程中，要严格遵守“保护第一、开发与保护相结合”的原则。凡是不具备保护能力的区域，要待条件成熟后再开发，杜绝破坏性开发和开发性破坏。为了促进公园区域协调发展，磬云山国家地质公园管理处严格执行公园规划，并出台磬云山地质遗迹保护管理办法，使地质公园管理与地质遗迹保护工作逐步走向法制化、规范化。同时，公园积极扶持周边居民发展第三产业，如开办娱乐设施、工艺品商店、农家乐、旅馆等经营项目，使社区居民逐步走向致富的道路，有效地促进区域经济协调发展。

（a）修复前（鸟瞰）　（b）修复后（鸟瞰）

（c）修复前（局部）　（d）修复后（局部）

图 6-19　生态植被修复工程

第六节　地学旅游及其推广

一、基础设施建设

1. 道路交通

地质公园交通以旅游车辆为主，路容路貌要求更加优美，要给游客在视觉和心理上制造一个进入旅游景区的愉悦心情。磬云山国家地质公园道路交通主要由游览干线、游览支线和游览步道三部分组成。其中游览干线是公园旅游活动的主要通道，游览支线是公园内主要功能区之间的联系通道，游览步道是公园内景点之间的游人通道。游览步道围绕干、支线分别向各景点辐射，像树枝状一样联系区内各景点，通常不以捷径为目的，而是以区内的景点通达为准则。

（1）外部交通

磬云山对外交通主要由徐明高速、201 省道、301 省道、302 省道、042 县道等不同等级的道路承担。其中徐明高速位于磬云山东侧，其中渔沟收费站出口距公园不足 5km；201 省道是灵璧县融入皖北城市群，连接“中原经济区”的重要通道，是江苏徐州连接灵璧县的重要通道；301 省道是江苏睢宁县、宿州市区连接灵璧县的重要通道；302 省道是灵璧县与 206 国道的连接线；042 县道是灵璧县城连接渔沟镇及地质公园的主要通道。

随着地质公园建设的日益完善，交通需求量将逐年增长。为了满足日益增长的交通需求，公园将进一步优化外部交通环境，积极促进地学旅游事业的快速发展。

① 规划在相关城市建立散客接待中心和旅游班车

公园近期选择宿州、蚌埠、淮北、宿迁、徐州等周边主要城市，通过与当地旅行社和客运公司合作，建立地质公园旅游散客接待站，开设旅游专线班车。规划远期逐步拓展对外围市场的辐射范围。

② 规划在主要交通线路设置广告牌及指路牌

公园近期与相关交通管理部门联合，在泗宿高速、徐明高速、国道、省道及徐州观音机场、高铁宿州东站、宿州客运站等主要交通枢纽和交叉点设立指路牌或广告牌，增加公园知名度（图 6-20）。规划远期在泗宿高速公路出口、徐明高速公路出口、宿州铁路客运站、徐州铁路客运站建设交通中转站，并整合长途客运与旅游班车资源优势。

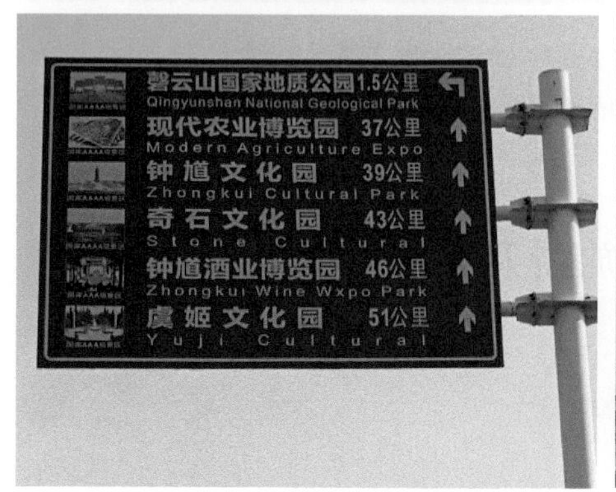

图 6-20　交通指示牌

③ 构建景区外部交通网络

磬云大道位于公园西门，全长 1700m，为双向四车道的一级公路标准，是公园连接外部交通网络的主干道（图 6-21）。未来公园南门、东门修建过程中，同步修建对外交通道路，建设标准比照磬云大道。

图 6-21　磬云大道建设

（2）内部道路及交通

磬云山景区内部道路网络基本形成，主要由环山路和旅游步道组成。其中环山路为单向沥青路面，沿磬云山主峰环绕一圈；游览步道与环山路呈树枝状相连，与公园主要地质遗迹点相连。磬云山景区与崇山景区之间的内部道路尚未建成，未来公园将进一步完善内部路网，改善各景区之间内部道路（图 6-22）。

① 进行路面加固、拓宽改造，力争使各景区间旅游道路相互贯通，使游客在最短时间内到达各景区。

② 加强道路沿线的绿化工作，形成与旅游业发展相适应的景观道路，提升公园旅游品味，改善公园生态环境。

③ 加强主要线路途径交通节点及停车场建设工程，交通节点处设停车站和站牌，以方便游客上下车。

④ 对内部交通实行严格的交通管制，只允许旅游车辆使用，私家车一律停在指定的停车区域。

⑤ 规划在崇山景区地质遗迹聚集区新建地学科考道路；磬云山景区北区建设环山游览步道；修建磬云山景区与崇山景区之间的连接道路。

⑥ 景区内部道路由地质公园管理处统一管理、统一维护。

（3）停车场

停车场是景区道路系统的重要组成部分，景区内停车场的设置根据地形地势、旅游线路、游客量等因素统一规划布置。

根据未来自驾游发展趋势，规划建设综合停车场、沿途电瓶车停靠点等设施，其中综合停车场分为中型和小型两级。各停车场采用生态林荫式设计，由植草方孔砖铺成，并种植观赏桃树、灌木和草坪（图 6-23）。

公园规划建设中型停车场两处，分别位于景区南门、景区西门入口处。

（a）环山路

（b）游览步道

（c）登山台阶

图 6-22　公园内部道路

图 6-23　生态停车场

① 景区南门入口综合停车场：位于磬云山景区南门入口处，规划建设停车泊位约 100 个，作为景区交通的南部起始点和景区游客的集散中心，兼做景区内部电瓶车的起点站。

② 景区西门入口综合停车场：位于磬云山景区西门入口处，规划建设停车泊位约 80 个，作为景区交通的西部起始点和景区游客的集散中心，兼做景区内部电瓶车的起点站。

公园规划建设小型停车场三处，分别位于御安庙遗址南侧、磬云山西侧、前崇山南侧。

① 御安庙遗址小型停车场：位于磬云山御安庙遗址南侧，规划建设停车泊位 30 个，兼做景区内部电瓶车停靠点。

② 磬云山西侧小型停车场：位于磬云山西侧、御安庙遗址北侧，规划建设停车泊位 20 个，兼做景区内部电瓶车停靠点。

③ 崇山景区设置小型停车场：位于在崇山景区度假中心规划区域，规划建设停车泊位 30 个，兼做景区内部电瓶车停靠点。

在景区车行道游览干线沿途各设置 4～5 个电瓶车停靠点，方便景区和普通游客沿途乘坐。停靠点站台风格自然简洁，与周边环境相协调。

2. 供水供电设施

（1）供水设施

目前，公园生活用水由渔沟镇市政用水供应。随着景区范围的扩大，将逐步扩大供水资源渠道，降低用水成本。

① 依托景点和游客接待设施布局，采用分片、分点的给排水方式，重点为度假休闲中心规划区域，其次为地质博物馆和游客接待中心。

② 选用固定水源，通过饮水管道供水。景区开挖人工塘、农田灌溉沟渠水源经过滤处理后，能满足景区生态养护用水需求。

③ 景区内沿主干道铺设管道，形成系统供水网络，供给各景点。生活饮用水与生态养护用水分开建设。

④ 充分利用景区原有水资源，如人工塘、雨水等。

（2）供电设施

磬云山用电设施主要为旅游服务、生活用电等。目前公园建设初期，用电需求不大，后期随着基础设施的完善，公园用电需求将随着游客的增加而增加。

① 由市政统一规划用电，从景区入口接入市政电网，采用地埋电缆输电至各功能区。在游客中心等用电集中区设置 10kVA 变配电房和箱式变电器，再输送至各用电单位。

② 电网布局采用环状、枝状结合，配电线路到达项目设计的各景点，电力

线路全部下地，不影响景观视觉。

③ 电力电缆线沿交通干道的人行道与游览步道旁侧地埋铺设，穿越干道时，应加保护套管及橡皮、沙袋等弹性衬垫。

④ 主干道照明采用高压钠灯，次级道路照明采用庭院灯，绿化、草地采用草坪灯。路灯采用光控、时控与手控方式，根据实际情况选择一种或数种方式结合使用，按不同路段的需要设置全夜灯和半夜灯，节约用电。

⑤ 规划配置 110kW 柴油发电机组一台，以备公园停电之用。

3. 环境卫生

（1）公共卫生间

公园按照国家有关文件要求设立环保型厕所，完善和改造景区（点）现有厕所，公厕内应备有洗手设施，安装墙镜，并加强洗手间维护和管理，做到清洁、无不良气味。

公园规划建设生态环保厕所共 6 座，分别位于南门服务区、西门服务区、游客中心、磬云山节点、崇山节点、御安庙遗址节点。厕所造型美观、大方，使之成为环境小品。厕所标识醒目美观，建筑面积与景区（点）游客量相适应，建筑风格与景观环境相协调。公厕粪便采用“生物化处理粪便技术”、“密封厌氧发酵仓”等无害化技术处理后，方能排放。

（2）污水排放

磬云山国家地质公园污水排水设施建设以保护水质环境、旅游卫生和景观质量为目标。未来结合城镇总体规划，综合治理周边灌溉沟渠排水设施，做到景区雨水和污水分流排放。

① 山区雨水自流散排，建筑物附近设雨水截流沟。

② 生活区雨水就近通过明渠方式排入河沟溪涧；部分重点区域通过截流管道，进入城镇污水处理设施处理后排放。

③ 合理修建公厕，各功能区及主要服务接待场所，应根据实际需要设置生态公厕，同时设立明显指示牌，公厕建设标准符合相关部门要求。

④ 各景区产生的生活污水就近汇入附近乡镇污水管网，经集中处理达标后，方可排放。

⑤ 排水体制采用雨污分流制。景区（点）污水处理执行国家相应的城镇污水处理达标排放标准。规划污水管道分别采用 DN200 和 DN150 的混凝土排水管或新型塑料排水管，污水管道布置按地形特点，沿现有或规划道路敷设。

（3）垃圾处理

按照分类、分级、集中处理原则，尽可能减少垃圾对环境的影响。

① 停车场、游客服务中心等人流集中区设立垃圾箱，垃圾分类收集。主要

游览景区每隔 80～100m 设立 1 个垃圾箱（池）。垃圾箱可就地取材，使用天然石块或创造性地使用混凝土、金属等材料，造型古朴，色泽不宜过于鲜亮，做到既环保又与周围景观相协调。

② 设立环境卫生管理所，配齐环卫人员和各种环卫器具。采用划片包干的办法，分别将园区内的清洁任务落实到人，定时清理垃圾，保持景区清洁。

③ 建立垃圾转运站、收集点。规划在公园南门、西门、御安庙遗址、崇山设置垃圾中转站。

④ 分级清扫。规划景区内主要游览步道以及主碑广场为一级清扫，保持每天 8 小时清扫。其他地方及次要游览步道为二级清扫，保持每两小时 1 次清扫。

4. 服务设施

（1）餐饮服务设施

① 餐位数预测

磐云山国家地质公园餐位数根据公园现有游客量，同时参考类似景区的游客量测算，公式如下：

$$C = NP / T \tag{6-3}$$

式中，C 为餐位预测数（个）；N 为游客量（人次）；P 为就餐率（%）；T 为餐位周转率（人/日）。

测算参数选取：地质公园年接待量近期为 5 万人次、中期为 15 万人次、远期为 40 万人次，全年可游天数 260 天；日游客量以市场分析测算为主，就餐率为 40%；由于旅游区属于区域性的旅游地，游客多数来自中近距离客源市场，餐位周转率取 1.5 人次。以此为依据，由公式（6-3）计算得到公园餐饮接待设施接待能力近期餐位数 51 个、中期 153 个、远期 408 个。

② 餐饮设施规划

星级酒店：为适应游客的就餐以及景区后期建设需求，公园（近期）按游客量设定就餐地点，公园近期规划在西门游客服务中心建设餐饮服务设施，能满足 50 余人就餐需求。未来规划在度假中心修建星级酒店，充分满足不同层次游客餐饮需求。

土菜馆（大排档）：升级渔沟镇及通往公园道路两侧土菜馆硬件设施，扩大经营面积，美化周围环境，提高服务质量，严抓卫生质量，做大做强土菜品牌。

农家乐：公园周边建设农家饭馆，其布局、档次与磐云山景区的整体环境相协调，餐饮服务的品种、规格应能满足游客的基本要求。农家饭馆重在推出独具乡村风味的特色餐饮服务，在餐厅名称、风格及人员服务、服装上充分体现当地风俗民情特色。同时应搞好卫生质量，各接待点力求做到环境整洁、服务热情、菜肴可口。

（2）住宿设施

① 床位数预测

根据年旅游人数总数，测算旅游住宿接待设施需求总量，计算公式如下。

$$E = NPL / TK \tag{6-4}$$

式中，E 为床位需求总数；N 为游客总数，根据市场分析给出的数据计算；P 为全年住宿酒店人数与游客总数百分比，近期以年接待游客总数的20%计算；中期以30%、远期以40%计算；L 为平均住宿天数，以1天计算；T 为年可游天数，以260天计算；K 为床位平均利用率，按60%计算。

近期和中远期的游客年接待人数根据市场分析给出的数据计算，床位预测以及床位档次分配数量指标预测。其中高档床位是指软、硬件设施能够达到三星级及其以上的宾馆、酒店；中档床位是指软、硬件设施能够达到三星级以下的宾馆、酒店；低档床位主要包括社会旅馆、家庭旅馆、青年旅馆等其他住宿设施。

依据游客不同层次的消费需求并结合规划区的实际情况，按照公式（6-4）计算床位档次分配数量，预测结果见表6-3。

表6-3 床位档次分配数量指标预测

等级	近期		中期		远期	
	床位/个	比重/%	床位/个	比重/%	床位/个	比重/%
高档	12	20	86	30	411	40
中档	26	40	116	40	307	30
低档	26	40	86	30	307	30
合计	64	100	288	100	1025	100

② 住宿设施规划实施

星级酒店：规划建设度假中心需拥有商务套房、景观房、标准客房，拥有大型多功能厅、会议室等，能满足100人会议、住宿需求。

快捷宾馆：磬云山旅游的游客多以观光度假为主，中青年居多。规划修建快捷宾馆，外部按照徽派建筑的传统风格，内部则按照快捷宾馆设施要求配备，作为学生、背包客以及自驾车旅游者的住宿基地。快捷宾馆注重实用、卫生。

农家旅店：通过合理规划，在景区附近建立农家旅店。农家旅店需与周围环境保持协调，体现浓厚的乡土气息，注重实用、舒适、卫生。应制定统一标准和规章制度，对农家旅店进行规范化管理，引入最新的服务理念，注重文化内涵。

（3）安全、医疗

① 在景区建立医务室、警务室，及时对游客安全做出应对。

② 建立森林防火站，对游人进行防火宣传教育，并进行防火安全检查，禁止将易燃易爆物带上山。

③ 在特殊地段、危险地段及观景台等地设置栏杆、防护铁链等防护措施，重要线路设置森林防火、安全等警告警示标志。

④ 建立森林防火责任制，签订责任状，落实到各单位、各部门、各具体负责人。

⑤ 组建专业、半专业扑火队伍和群众义务防火队；购置专业扑火工具与相关设备；增添通信设备，建立畅通无阻的森林防火通信网络。

⑥ 与周边乡镇卫生院、县人民医院建立长期联系，如遇特殊情况可迅速转移病患，实现景区安全救护和“110”联动。

⑦ 建立紧急事件应对机制，发生险情，及时疏散游客，保障游客生命安全。

磬云山国家地质公园服务区规划见图 6-24 所示。

二、地学旅游开发

磬云山国家地质公园是国内为数不多以奇石为主题的地质公园，其国内客源市场，以宿州市为中心、以中原城市群为重点，积极扩展和稳固省内游客市场，在获得城市游客的基础上，拓宽发展小城镇客源市场。在中、远期发展中，以奇石文化节、楚汉文化及休闲旅游为突破口，兼顾地学旅游市场，与省内其他公园一起打造安徽旅游品牌特色，逐步将客源市场拓展到全国。在旅游业扩大的同时，反哺当地经济，带动当地经济的发展。

1. 旅游客源市场调查

（1）调查的原则

① 时效性原则

根据下达调查任务的时间要求，按时完成调查工作，为了提高工作效率，每周写调查小结。

② 准确性原则

调查数据必须真实准确地反映客观实际。

③ 全面性原则

对每一项调查要尽可能全面地收集有关信息，调查的数据要有代表性，尽可能通过抽样调查反映出全面事实。

④ 节约性原则

选择适当的调查方法，合理地用好人、财、物，争取用较少的成本获取较多的信息。

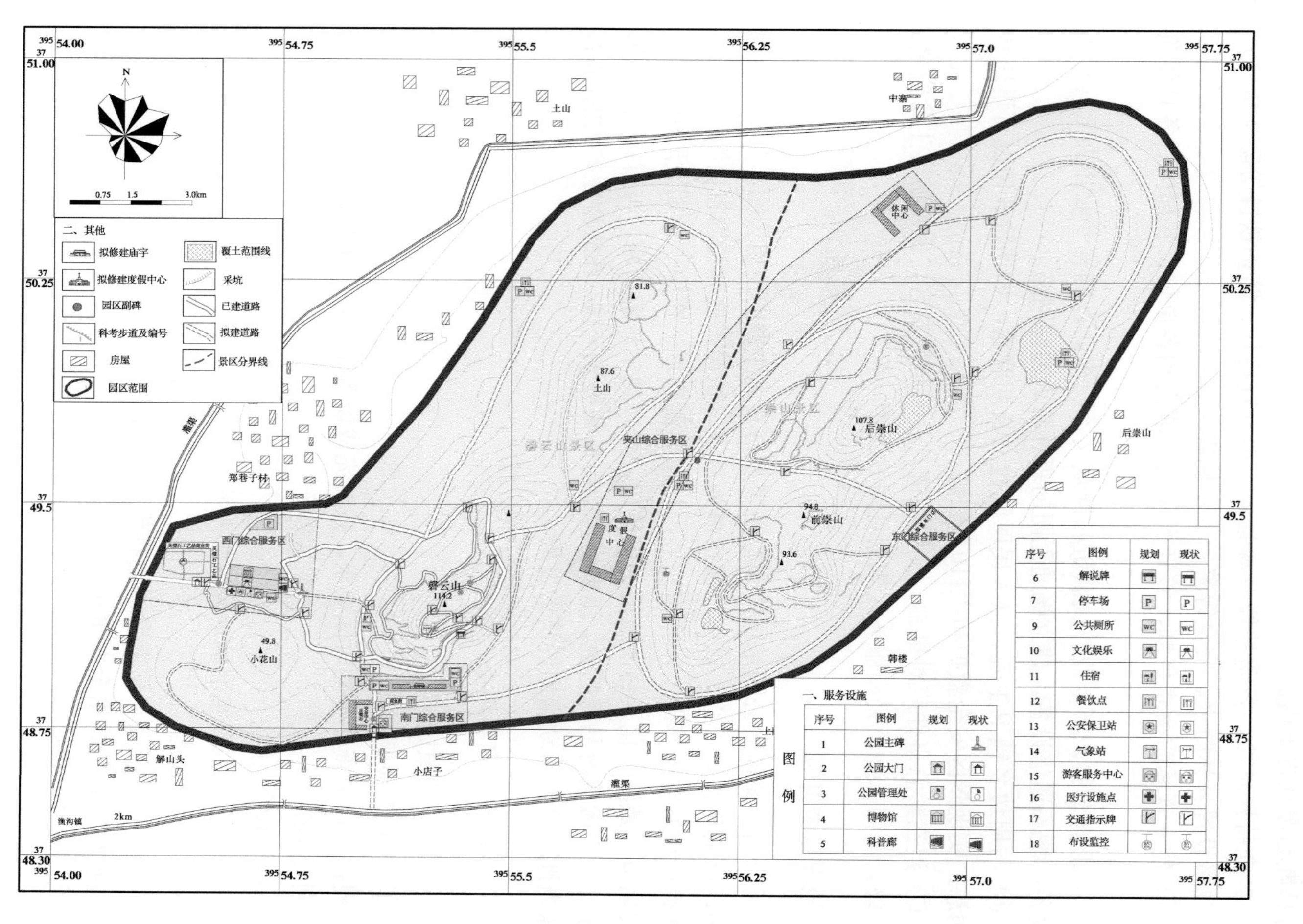

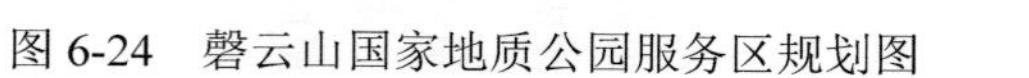
图 6-24　磬云山国家地质公园服务区规划图

⑤ 条理性原则

调查的情况必须有条理性、详细、明了。

（2）调查的方法和过程

对地质公园客源市场的调查主要是采用问卷调查、专家咨询和文献调查等多种途径相结合的方法进行。调查问卷如表 6-4 所示。

表 6-4 磬云山旅游市场调查问卷

姓名		年龄		性别		文化程度	
职业	农民□	工人□	干部□	教师□	科研□	职员□	其他□
调查内容：							
1. 您的旅游态度。 非常喜欢□ 比较喜欢□ 一般□ 不太喜欢□ 不喜欢□							
2. 您的旅游时间。 全年出游□ 0.5~1 年□ 2~5 个月□ 1 个月□ 一周□							
3. 您喜爱的交通工具。 飞机□ 火车□ 旅游巴士□ 自驾车□ 其他□							
4. 您喜欢的旅游方式。 旅行团□ 自驾游□ 自助游□ 单位组织□ 其他□							
5. 您旅行关注的服务要素。 住宿□ 餐饮□ 交通工具□ 购物□ 娱乐□ 其他□							
6. 您旅游的主要考虑因素。 价钱□ 景点□ 时间□ 其他□							
7. 您旅游花费最多的项目。 门票□ 吃□ 交通□ 住宿□ 购买纪念品□ 娱乐□							
8. 您的出游同伴。 朋友或同学□ 亲人□ 单位活动□ 旅行团□ 一个人□ 其他□							
9. 您获取旅游信息的渠道。电视、广播□ 杂志、报纸□ 旅游宣传□ 互联网□ 旅行社□ 朋友推荐□ 其他□							
10. 您的旅游动机。 放松身心□ 增长见识□ 感受风俗□ 结识朋友□ 其他□							
11. 您喜欢的旅游类型。 民俗体验□ 宗教朝圣□ 拓展竞技□ 休闲娱乐□ 奇石文化□ 康体疗养□							
12. 您喜欢的旅游日程。 1 天□ 2 天□ 3 天□ 3 天以上□							
13. 您一年的旅游消费。 500 元以下□ 500~1000 元□ 1000~2000 元□ 2000~3000 元□ 3000 元以上□							
14. 您外出住宿的选择。 星级酒店□ 特色酒店□ 普通宾馆□ 家庭旅馆□ 其他□							
15. 您的夜间安排 看电视□ 娱乐□ 泡吧□ 逛夜市、排挡□ 看表演□ 其他□							
16. 您认为磬云山的讲解效果。 知识性强，通俗易懂□ 专业性强，难于理解□ 故事传说，缺乏内涵□ 不清楚，不好说□							
17. 您满意磬云山解说系统吗？ 非常满意□ 满意□ 基本满意□ 不满意□ 非常不满意□							
18. 您能看懂磬云山地学标牌吗？ 能看懂□ 基本看懂□ 看不懂□ 不感兴趣□							
19. 您认为磬云山地质博物馆 内容丰富，趣味性强□ 内容一般，需要提高□ 内容乏味，手段单一□ 不感兴趣，不想去□ 不知道位置，没去过□							
20. 您了解地质公园的方式。 图片展览□ 导游解说□ 标识标牌□ 宣传资料□ 标本展陈□							
21. 您了解磬云山地质公园吗？ 了解□ 不了解□							
22. 您最喜欢的磬云山国家地质遗迹。 灵璧石□ 臼齿构造□ 宋代采坑遗址□ 震积岩□ 张渠组地层□							
23. 您愿意参与地质科普活动吗？ 非常愿意□ 愿意□ 一般□ 不愿意□							
24. 您喜欢的地质科普方式。 多媒体解说系统□ 中小学生科普教育基地□ 青少年夏令营、冬令营□ 专家或地学导游讲解□ 大专院校实习基地□ 科普电影，地学博物馆□							
25. 您认为阻碍民众出游的问题。 资金□ 时间□ 旅行社□ 出游伙伴□ 其他□							
26. 灵璧你最想去的其他景点。							
调查地点		调查人		调查日期			

① 明确调查目标

通过对旅游市场的需求情况、游客的旅游心理和满意度进行分析研究，引导公园合理的发展和规划。

② 设计调查方案

调查方案包括调查目的要求、调查内容、调查对象、调查表、调查地点范围、样本的抽取、资料的收集和分析方法。

③ 制定调查计划

调查计划包括组织领导及人员调配、调查员的招聘及培训、工作进度安排、调查费用预算等。

④ 组织实地调查

实地调查是一项较为复杂烦琐的工作，需要做好实地调查的组织领导工作以及实地调查的协调、控制工作。

⑤ 调查资料整理和分析

将调研所得的客源市场相关资料进行整理和归类，并对客源市场的现状进行分析。

（3）调查数据统计

基于对宿州市现有旅游市场的调查分析，结合对皖北地区居民出游偏好来分析说明磬云山国家地质公园所面临的旅游目标市场客源需求特点。本次在磬云山、渔沟镇向团队及散客发放调查问卷 400 份，回收有效问卷 298 份，调查结果如下。

游客信息调查：主要对游客年龄、教育程度等游客基本信息情况进行调查。结果显示 51%的出游人群为 25～44 岁中青年人群，其中大专及以上学历占 64%，大专院校青年学生为出游主力人群。调查分析结果见图 6-25、图 6-26。

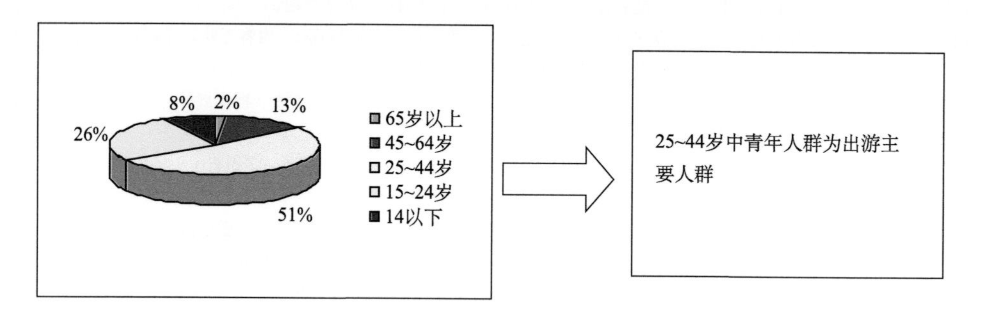

图 6-25　游客年龄调查结果

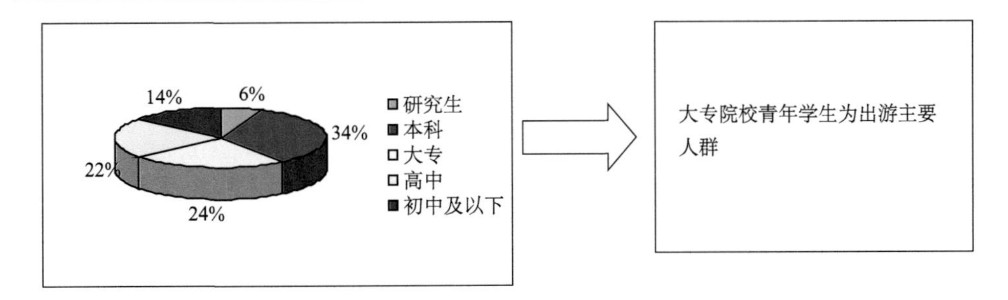

图 6-26　教育程度调查结果

行为偏好调查：主要对出游频率、交通工具、组织形式、出游同伴以及信息渠道的获取进行调查。出游频率调查结果显示，旅游成为经常性的大众消费，1/3的游客已经形成经常出游习惯；交通工具选择调查结果显示，火车成为首选交通工具，自驾游旅游正越来越流行；组织形式调查结果显示，旅行社和单位组织仍是目前主要的组织形式，但自驾车和自助游必将得到充分重视；出游同伴调查结果显示，亲人、朋友、同事是主要的出游同伴，因此应充分考虑旅游的人性化服务；信息渠道调查结果显示，朋友、旅行社、互联网成为主要的信息渠道，应充分重视此类营销手段。调查分析结果见图 6-27～图 6-31。

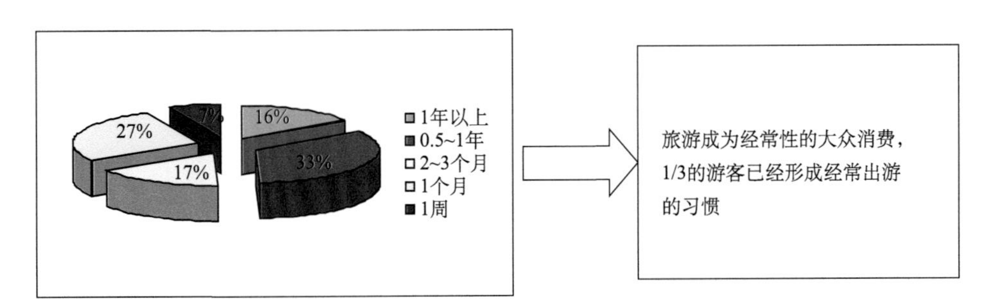

图 6-27　出游频率调查结果

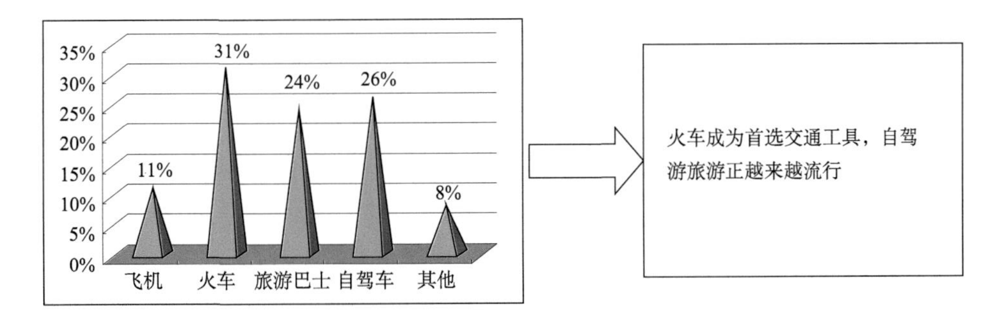

图 6-28　交通工具选择调查结果

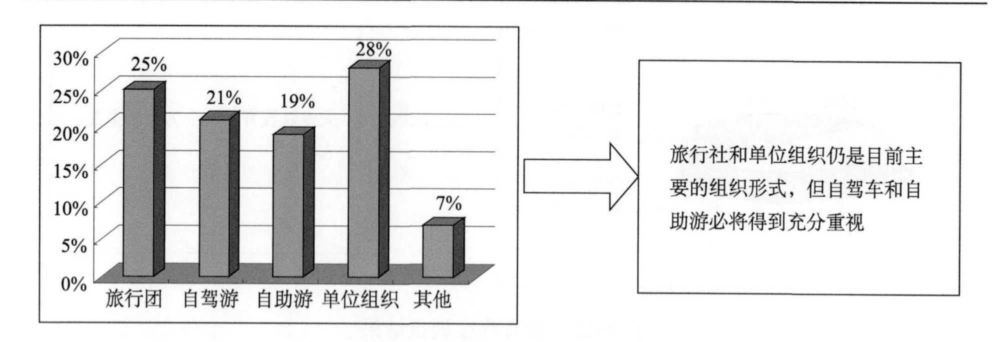

图 6-29　组织形式调查结果

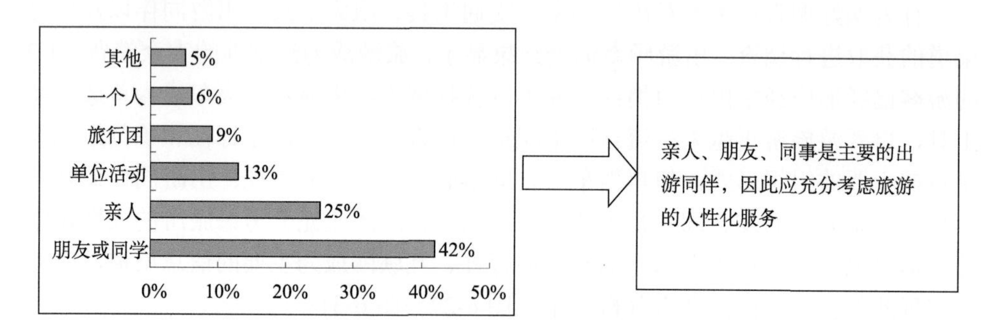

图 6-30　出游同伴调查结果

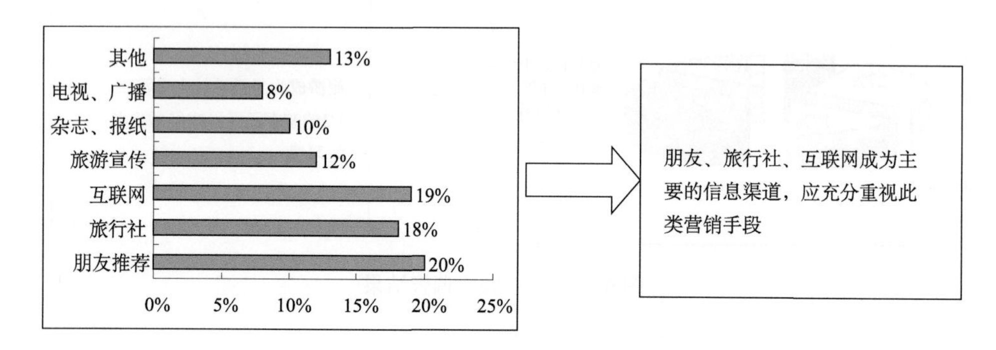

图 6-31　信息渠道调查结果

出游动机和资源偏好调查：主要对出游动机、资源偏好进行调查。出游动机调查结果显示，休闲正成为游客旅游的主要动机；资源偏好调查结果显示，旅游者对旅游资源的兴趣点的排序是奇石文化、休闲娱乐、拓展竞技、民俗体验、康体疗养、宗教活动。调查分析结果见图 6-32 和图 6-33。

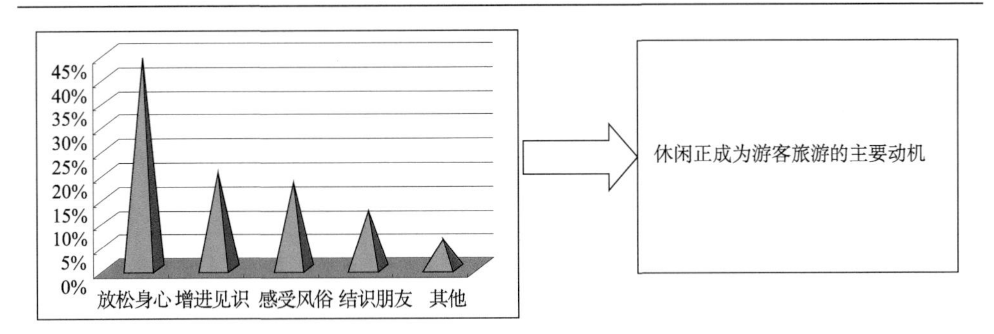

图 6-32　出游动机调查结果

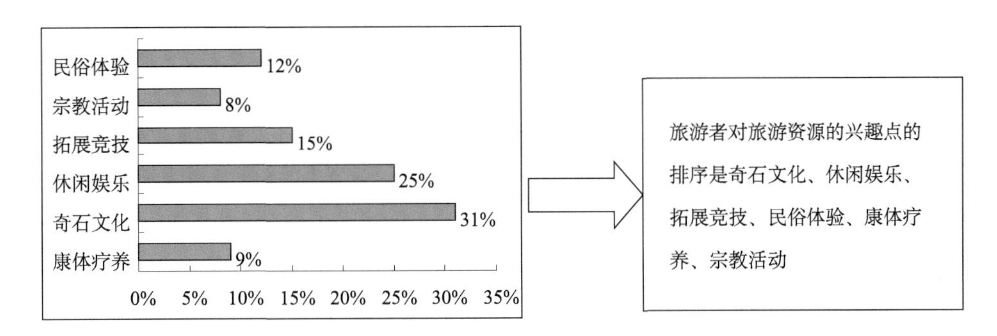

图 6-33　资源偏好调查结果

消费偏好调查：主要对停留时间、消费支出、住宿类型、夜间消费等进行调查。停留时间调查结果显示，3 天左右的休闲度假旅游成为主流；消费支出调查结果显示，中高等消费应在旅游产品开发中得到充分重视；住宿类型调查结果显示，住宿舒适与否成为游客感受的重要因素，尤其注重住宿的特色；晚间消费调查结果显示，逛夜市、吃排档、娱乐是晚间消费的主体，夜间表演具有巨大的开发潜力。分析结果见图 6-34～图 6-37。

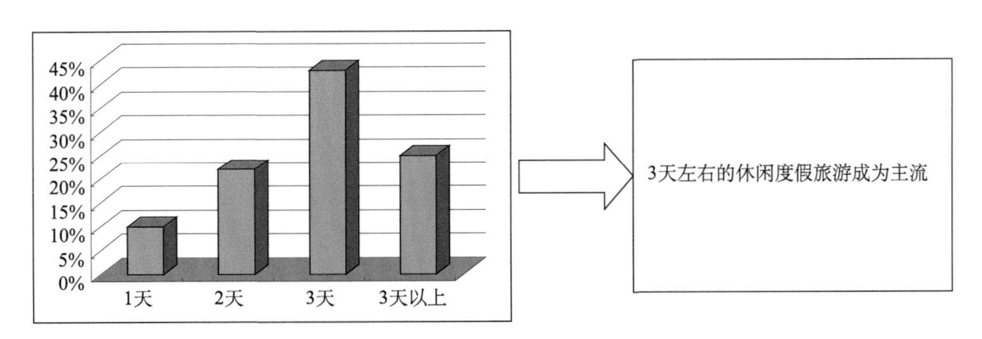

图 6-34　停留时间调查结果

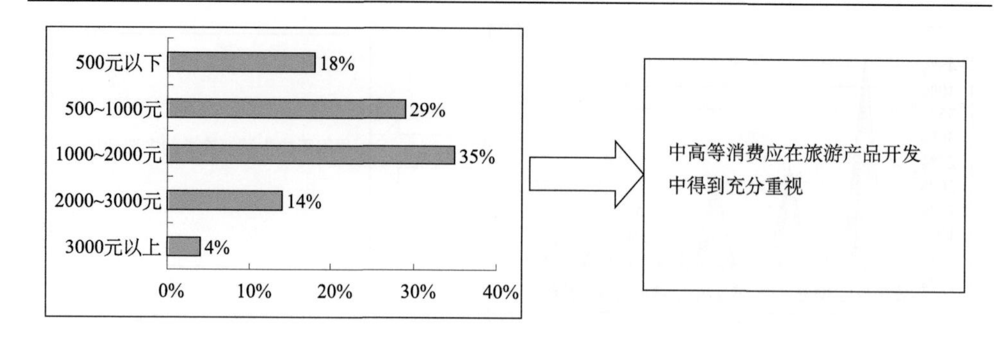

图 6-35 消费支出调查结果

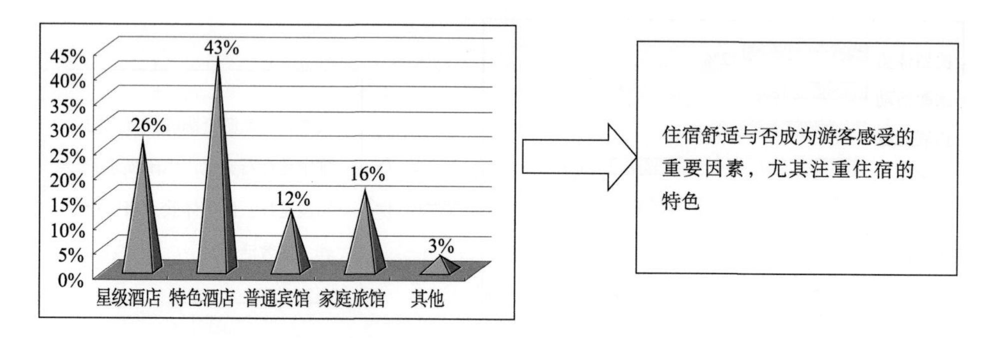

图 6-36 住宿类型调查结果

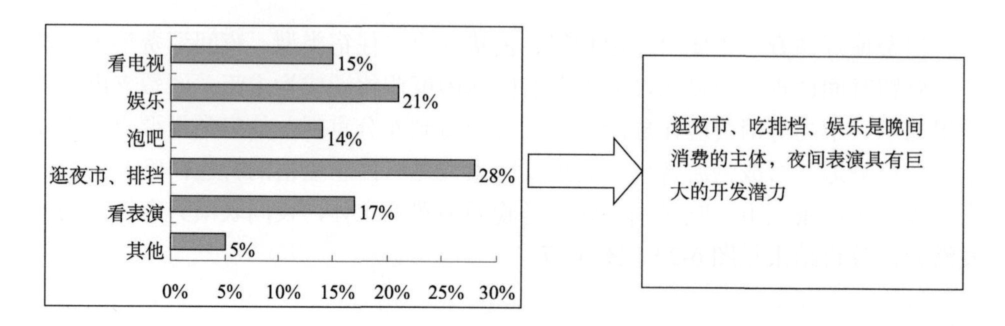

图 6-37 晚间消费调查结果

公园解说系统调查：主要对讲解效果、解说系统、地学标牌、地质博物馆解说效果、解说方式、完善措施等进行调查。讲解效果调查结果显示，讲解效果基本符合地质公园要求，需要通俗化解说地学知识；解说系统总体印象调查结果显示，解说系统满意度不高，需要进一步改进；地学标牌调查结果显示，地学标牌大部分人能看懂，基本能满足普及地学知识目的；地质博物馆解说效果调查结果显示，博物馆位置较偏，需进一步提高解说手段；游客解说方式偏好调查结果显示，游客偏向通过公园标识标牌系统了解地学知识。分析结果见图 6-38～图 6-42。

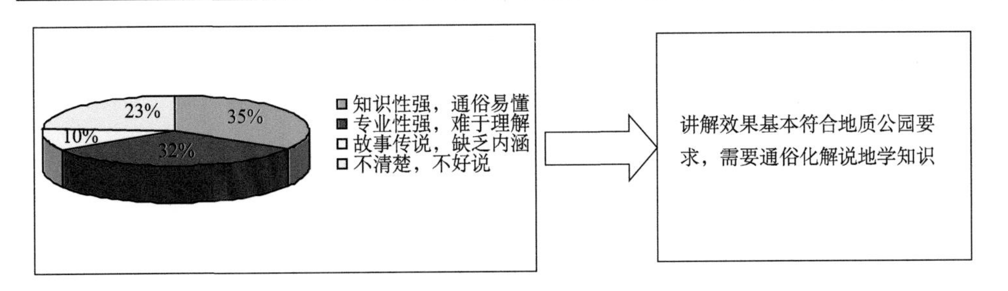

图 6-38　讲解效果调查结果

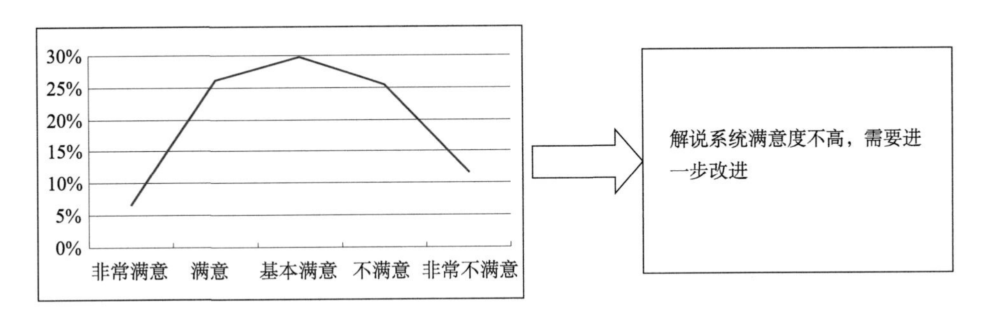

图 6-39　解说系统总体印象调查结果

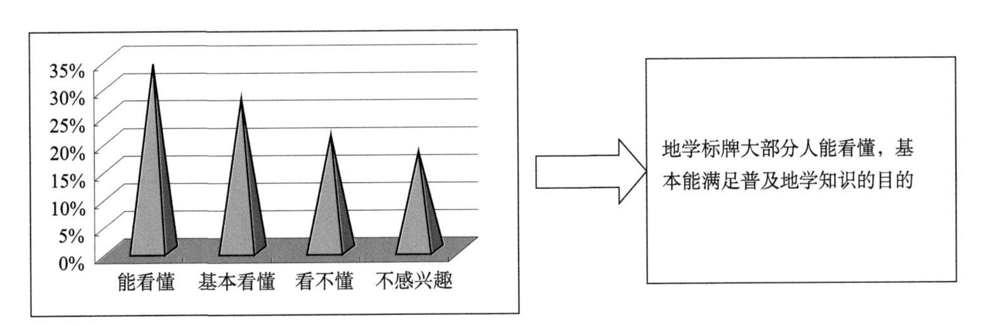

图 6-40　地学标牌调查结果

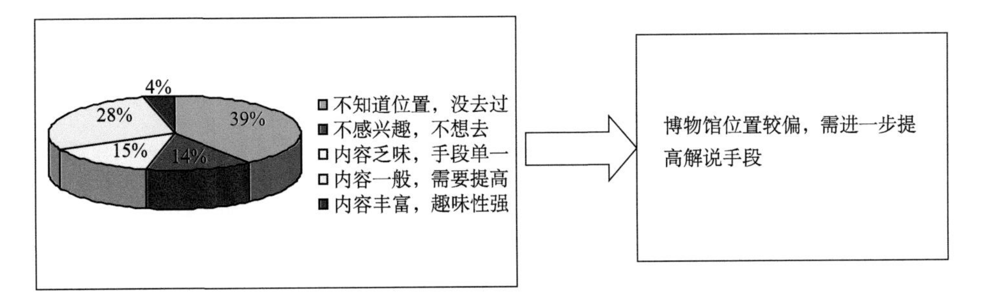

图 6-41　地质博物馆效果调查结果

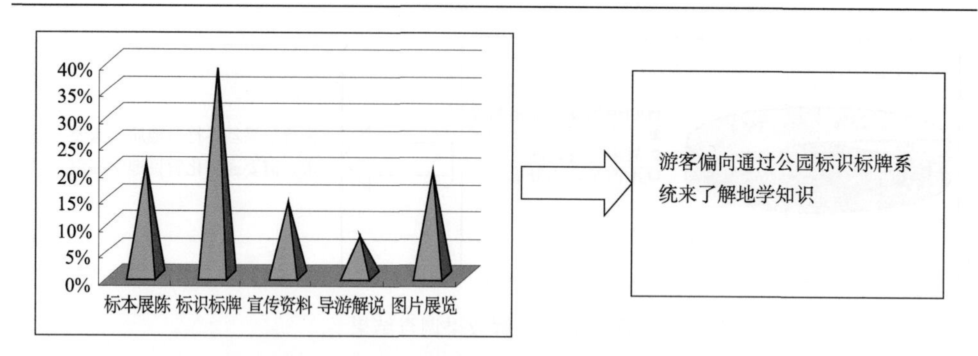

图 6-42　游客解说方式偏好调查结果

公园科普教育调查：主要对地质公园知识了解、公园地质遗迹类型认知、参加科普活动的意愿、科普活动方式等进行调查。地质公园了解调查结果显示，大部分游客了解地质公园相关知识；地质遗迹类型认知调查结果显示，绝大部分游客了解灵璧石的相关知识，对张渠组地层等专业地质知识知之甚少；参加科普活动意愿调查结果显示，大部分游客愿意参加科普活动；科普活动方式调查结果显示，游客首选专家或地学导游讲解，其次为多媒体解说系统。分析结果见图 6-43～图 6-46。

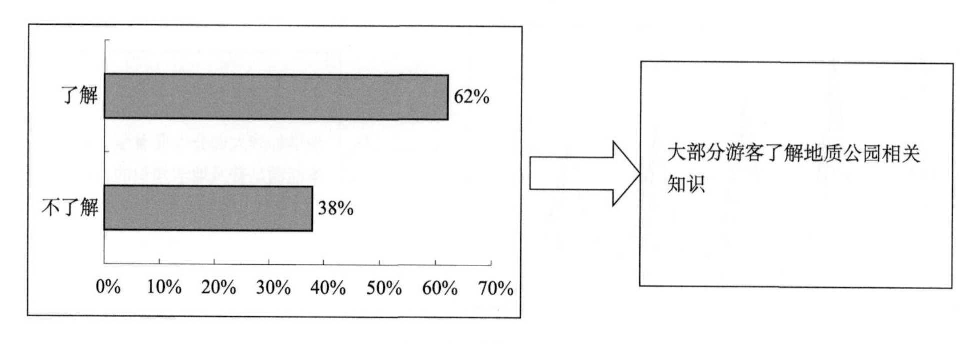

图 6-43　地质公园了解调查结果

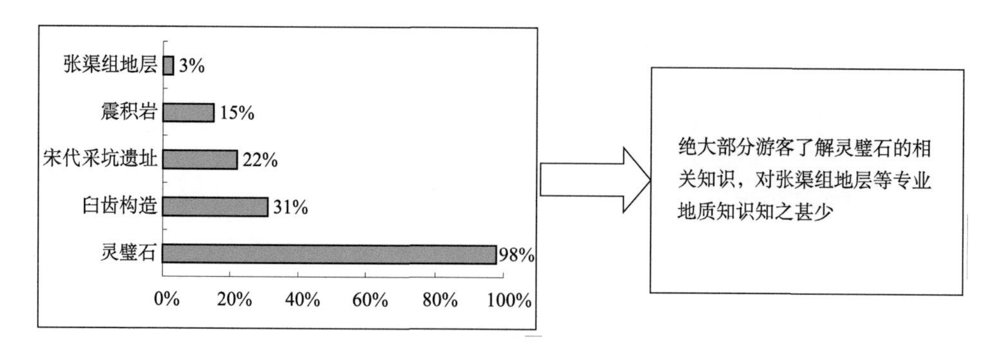

图 6-44　地质遗迹认知调查结果

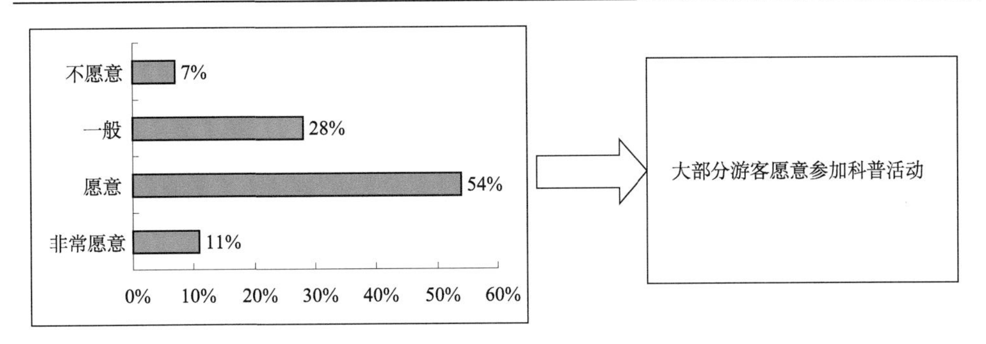

图 6-45　参加科普活动意愿调查结果

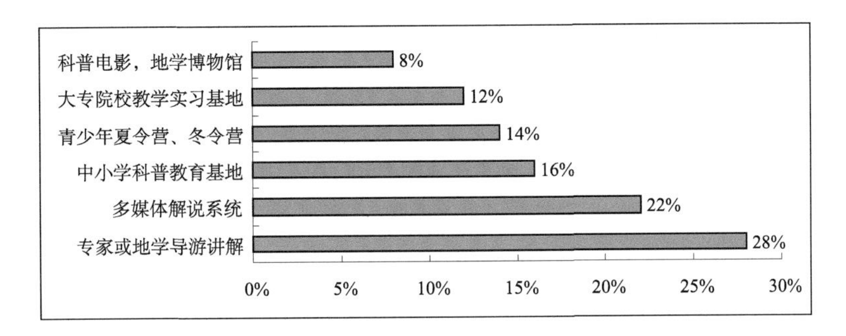

图 6-46　科普方式调查结果

2. 旅游客源市场预测

（1）市场预测背景

影响公园游客市场的因素多种多样，既有当地政策方针的影响，又有公园自身问题的影响，但归其本质，公园自身的发展是影响公园游客规模的主要因素，地方旅游产业政策也是影响游客市场的重要因素。只有当地政府采取开放适度的旅游方针政策，公园在自身生态能力承载下适度开发，积极打造新的旅游特色，才能扩大游客市场。

灵璧县是楚汉相争的古战场，传说人物钟馗的故里，中华奇石的主产区，素有“虞姬、奇石、钟馗画，灵璧三绝甲天下”之誉。近年来，灵璧县大力发展县域旅游经济，成功开发了以“奇石文化、楚汉文化、钟馗文化”为主题的“三元文化”旅游活动，旅游人数逐年增加，旅游市场日趋成熟。

（2）旅游发展趋势分析

旅游发展受到一系列因素的影响，既有国内外政治、经济、自然环境因素，旅游者主体的社会人口学特征因素，政府发展旅游业的方针政策因素，又有地质公园在旅游市场中的竞争力因素，公园的开发速度和接待能力因素，旅游资源的质量、优势以及开发旅游的制约因素等。

散客旅游逐渐多于团体旅游，短线旅游多于长线旅游，地区性旅游和中程旅游成为旅游的团体，自助旅游与组团旅游二分天下，人们外出旅游的频度将增加，但每次外出旅游的时间将减少。商务、会议将成为旅游的最大客源，奖励性质的旅游也将以团体为主。世界老龄人口和劳动力的“提前解放”，将使中、老年人加入旅游队伍中。

随着我国城市化进程的进一步推进，城市问题进一步突出，人们对城市的厌倦，对自然的向往也日益强烈，回归自然的旅游日益受到欢迎。中国宏观经济已经持续 30 年高速度增长，国力日益壮大，国民已具备强大的出游力。随着城市化水平的提高，城镇人口的数量迅速增长，为旅游市场提供了雄厚的客源基础。同时，随着国民经济的持续增长，农村人口的出游力与出游水平也逐步提高。

磬云山国家地质公园自批准以来，吸引了周边不少客源。据不完全统计，到渔沟镇买卖灵璧石的商人群体、观赏灵璧石的奇石爱好者群体、研究灵璧石的学者群体等十之八九均会到地质公园参观考察，日均游客达 200 余人。随着地质公园建设的逐步深入，作为全国为数不多的以奇石为主题的地质公园必将吸引更多的游客。根据旅游地生命周期理论，磬云山国家地质公园正处于旅游生命的初始阶段，在科学的规划引导和有效的开发措施保障下，将能逐步达到发展和繁荣阶段。

随着地质公园开发建设和灵璧县旅游产业体系的不断完善，游客规模将会逐年增长，游客人均花费也会由于住宿条件的改善、旅游活动的增加而增加，公园旅游业的发展将会进入一个良性循环时期。根据国内旅游业的发展势头和客源市场的需求特点，结合地质公园旅游资源和近年来景区游客递增速度以及游人消费等实际情况，未来几年公园游客量和旅游收入将呈逐年增长趋势。

3. 旅游客源市场定位

（1）总体市场定位

以宿州周边城市及安徽省旅游市场为主导，依托皖北都市圈，积极融入中原经济区，努力开拓省内外旅游市场，增强对外吸引力，力争将灵璧磬云山打造成为集地学科考、奇石文化、旅游休闲为一体的旅游胜地。

（2）空间市场定位

根据中国城市居民出游市场的距离衰减规律，将磬云山旅游空间市场分为三级旅游市场和海外旅游市场（图 6-47）。

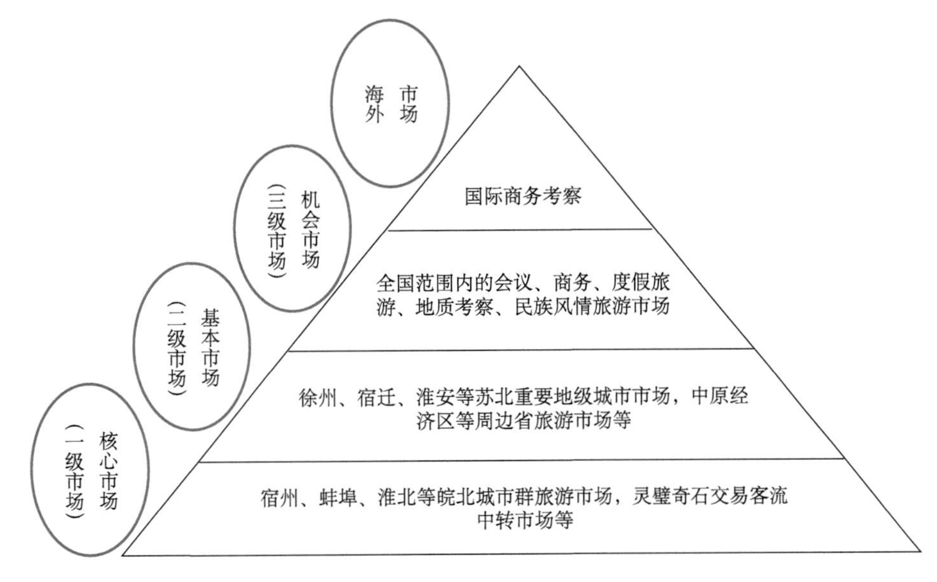

图 6-47　市场空间定位

① 一级旅游市场

主要为宿州、蚌埠、淮北等皖北城市群旅游市场，灵璧奇石交易客流中转市场等。中远期将吸引周边 200 km 范围内的旅游市场，即皖北、苏北核心城市客源市场。

② 二级旅游市场

主要为徐州、宿迁、淮安等苏北重要地级城市市场，中原经济区等周边省份旅游市场等。中远期将拓展 200～500 km 范围内的旅游市场，即皖、苏、鲁、豫等部分客源市场。

③ 三级旅游市场

主要为距离在 500km 以上的远程市场。全国范围内的会议、商务、度假旅游、地质考察、民族风情旅游市场。

④ 海外市场

主要是指国际旅游商务考察市场、灵璧石国际交易中转市场等。

4. 推荐旅游路线

根据现实和潜在旅游客源市场需求，以区域特色旅游资源为依托，依照“市场需求→产品设计需要→旅游资源开发配套”这一基本原则，配套组合而成旅游产品。包括精选的旅游项目、合理的旅游线路设计、最佳的旅游服务，其中最佳的服务和具有吸引力的旅游项目是旅游产品的核心部分。

（1）地学旅游推荐路线

磬云山国家地质公园以“碳酸盐岩臼齿构造”、“灵璧石文化”、“构造形迹”为专题，设置四条地学旅游科学考察路线。目前已在小花山、磬云山建成科考路线两条，未来规划在崇山景区建设科考路线两条。

① 科考路线一

以“灵璧石文化”为专题，位于小花山区域，沿途地质遗迹依次为：喀斯特地貌（长石阵）—纹石景观—巨蜥石—睡象石—洪武贡石—磬泉—主碑广场—宋代采坑遗址—古地震遗迹（震积岩）。

② 科考路线二

以“碳酸盐岩臼齿构造”为专题，位于磬云山区域，沿途地质遗迹依次为：万卷书—御安庙遗址—张渠组剖面—叠层石—磬石层—臼齿构造群 1—石屋洞—石船观景台—臼齿构造群 2—将军洞。

③ 科考路线三（规划建设）

以“构造形迹”为专题，位于前崇山区域，沿途地质遗迹依次为：珍珠石—断层岩墙—逆冲推覆构造—巨型节理—臼齿构造群—水平层理—断裂—磬石层。

④ 科考路线四（规划建设）

以“构造形迹”、“碳酸盐岩臼齿构造”为专题，位于后崇山区域，沿途地质遗迹点依次为：磬石层—臼齿构造群—养背石地貌—水平层理—盘丝洞—竹叶状灰岩—平移断层—双向褶皱—软沉积变形—臼齿构造群。

（2）人文旅游推荐路线

磬云山设置人文景观一条，以御安庙遗址、摩崖石刻为重点。沿途景点依次为：磬泉—洪武贡石—主碑广场—宋代采坑遗址—磬石采坑—御安庙遗址—十八罗汉—摩崖石刻—将军洞。

磬云山国家地质公园科考和人文旅游推荐路线见图 6-48 所示。

5. 地质旅游纪念品

磬云山灵璧石开采历史悠久，各类奇石、造型石、工艺品等制作工艺成熟、产品丰富。公园重点开发以灵璧石为主题系列的地质旅游纪念品，如磬石琴、磬石茶具等灵璧石工艺品（图 6-49）。同时积极开发其他地质旅游纪念品。

6. 地学旅游推广

（1）运用媒体，多方宣传

充分运用电视、广播、互联网等传播媒介，及时向广大公众传播推广以磬云山国家地质公园形象为主的宣传片，展示公园珍贵的地质遗迹资源、科普科研资源和地质科研成果。

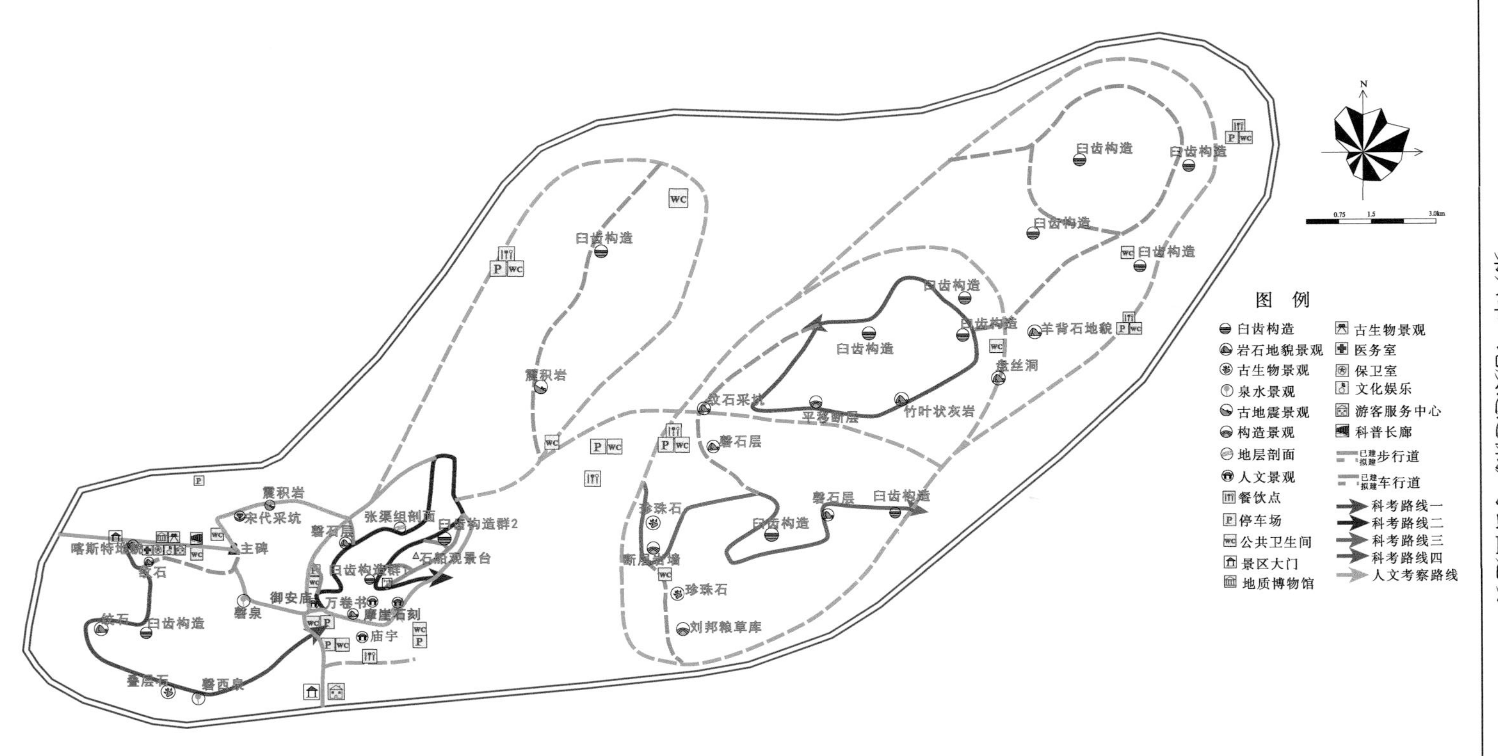

图 6-48　磬云山国家地质公园科考和人文旅游推荐路线

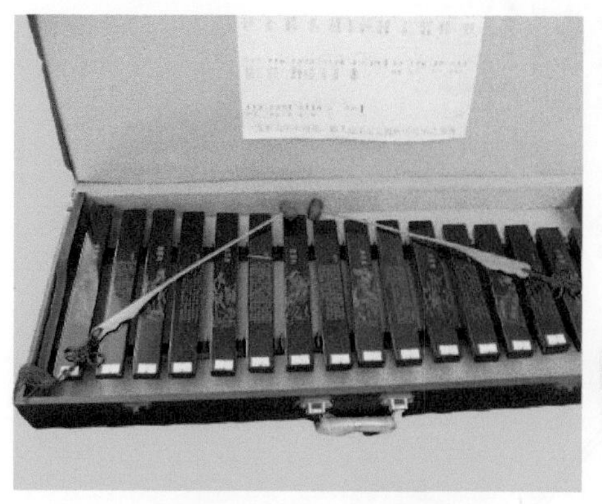

（a）磬石琴

（b）磬石茶具

（c）磬石花瓶

（d）浮雕虎

（e）文房四宝艺术品

（f）伟人头像雕刻

图 6-49　灵璧石工艺品

（2）积极参加旅游推介会

灵璧县多次组织县域景区、旅行社、宾馆、饭店等单位参加国内、国际旅游交易会，积极将灵璧县丰富的旅游资源推向市场。磬云山国家地质公园将配合灵璧县相关职能部门，积极参加旅游推介会，为扩大公园旅游市场打下了坚实基础。

（3）积极建设游客接待中心和旅游班车

近期选择在宿州、蚌埠、淮北等皖北城市建立游客接待中心，通过与当地旅行社和客运公司合作，建立公园游客接待站，开设旅游专线班车，以方便游客到磬云山旅游。

（4）设置公园导引牌

在通往公园的主道路设置导引牌，引导游客进入磬云山参观游览。下一步公园将进一步与交通道路管理部门联合，在主要交通枢纽、道路交叉点设立指路牌或广告牌，增加公园知名度。

（5）实行公园形象推广

充分与旅游策划公司合作，将地质公园多种旅游产品统一包装，实行公园形象推广，充分利用微信、微博等青少年喜爱的网络软件，加大网络推广力度。

（6）利用名人效应

邀请国内外知名地质专家、文化名人来公园进行科考、文化活动。

参考文献

安徽省地质矿产局. 1987. 安徽省区域地质志[M]. 北京: 地质出版社.

陈安泽. 2013. 旅游地学大辞典[M]. 北京: 科学出版社.

陈从喜. 2004. 国内外地质遗迹保护和地质公园建设的进展与对策建议[J]. 国土资源情报, 18(5): 8-11.

陈松, 傅雪海, 桂和荣, 等. 2012. 皖北新元古界望山组灰岩微量元素地球化学特征[J]. 古地理学报, 14(6): 813-820.

陈松, 傅雪海, 孙林华, 等. 2013a. 皖北新元古代-寒武纪界线灰岩稀土元素地球化学特征[J]. 中国稀土学报, 31(1): 108-118.

陈松, 桂和荣, 孙林华, 等. 2013b. 安徽宿州寒武纪猴家山组灰岩微量元素地球化学特征[J], 矿物岩石, 33(1): 69-76.

陈松, 桂和荣, 孙林华, 等. 2011a. 皖北九顶山组灰岩稀土元素地球化学特征及对古海水的制约[J], 中国地质, 38(3): 664-572.

陈松, 桂和荣, 孙林华, 等. 2010. 皖北新元古代砂质灰岩地球化学特征[J]. 河南理工大学学报(自然版), 29(3): 342-343.

陈松, 孙林华, 马艳平, 等. 2011b. 宿州地区新元古代岩石学特征及沉积环境[J]. 宿州学院学报, 26(2): 54-57.

丁婷, 蔡燕, 杨阳, 等. 2010. 璧石的分级与资源评价[J]. 宿州学院学报, 16(11): 63-66.

丁园婷, 于吉涛, 宋鄂平. 2014. 河南关山国家地质公园地质公园地质遗迹资源定量评价[J]. 湖北民族学院学报, 32(3): 339-344.

方世明, 李江风, 赵来时. 2008. 地质遗迹资源评价指标体系[J]. 地球科学, 15(2): 285-288.

冯乐, 李状福, 陆鹿, 等. 2015. 徐州地区新元古代下部臼齿构造碳酸盐岩事件成因探讨[J]. 高校地质学报, 21 (2): 203-214.

冯先岳. 1989. 地震震动液化形变的研究[J]. 内陆地震, 3(4): 299-307.

付在毅, 许学工, 林辉平, 等. 2001. 辽河三角洲湿地区域生态风险评价[J]. 生态学报, 21(3): 12-17.

高永利, 费贤俊, 马占琴. 2009. 基于 AHP-FUZZY 的地质灾害危险性评价研究[J]. 中国煤炭质, 17(4): 56-61.

葛铭, 孟祥华, 旷红伟, 等. 2003. 微亮晶(臼齿)碳酸盐岩: 21 世纪全球地区化学研究的新热点[J]. 沉积学报, 21(1): 81-89.

郭峰, 孟祥华, 葛铭. 2009. 安徽灵璧地区新元古代臼齿构造(微亮晶)碳酸盐沉积意义[J]. 安徽地质, 19(3): 176-180.

郭建强. 2005. 初论地质遗迹景观调查与评价[J]. 四川地质学报, 25(2): 104-109.

郭剑英, 王乃昂. 2005. 敦煌旅游资源的非使用价值评估[J]. 资源科学, 27(5): 187-192.

国土资源部地质环境司. 2016. 国家地质公园建设指南[M]. 北京: 地质出版社.
郝俊卿, 吴成基, 陶盈科. 2004. 地质遗迹资源的保护与利用评价——以洛川黄土地质遗迹为例[J]. 山地学报, 22(l): 7-11.
亨德森. 1989. 稀土元素地球化学[M]. 北京: 地质出版社: 152-213.
洪天求, 贾志海, 郑文武, 等. 2004. 宿州地区震旦系望山组主要沉积类型及其形成环境分析[J]。吉林大学学报(地球科学版), 34(1): 5-11.
黄辉实. 1985. 旅游经济学[M]. 上海: 上海社会科学出版社: 56-128.
旷红伟, 金广春, 刘燕学, 等. 2004. 从地球化学角度看微亮晶臼齿碳酸盐岩形成的环境条件——以吉辽地区新元古代微亮晶碳酸盐岩为例[J]. 天然气地球科学, 15(2): 150-153.
旷红伟, 柳永清, 彭楠, 等. 2011. 再论臼齿构造成因[J]. 古地理学报, 13(3): 253-261.
李烈荣, 姜建军, 王文. 2002. 中国地质遗迹资源及其管理[M]. 北京: 中国大地出版社.
李全海, 文超武, 方招信, 等. 2010. 皖北地区早古生代岩石地层划分及其物质组成和工业用途[J]. 安徽地质, 3: 189-196.
李双应, 李任伟, 岳书仓, 等. 2004. 安徽肥西中生代碎屑岩地区化学及其对物源制约[J]. 岩石学报, 20(3): 667-676.
李双应, 岳书仓, 杨建, 等. 2003. 皖北新元古代刘老碑组页岩的地球化学特征及其地质意义[J]. 地质科学, 38(2): 241-253.
刘长颖. 2011. 层次分析法与高校科研项目评估指标权重的确定[J]. 辽宁师范大学大学学报, 34(1): 46-49.
刘为付, 孟祥化, 葛铭, 等. 2003. 皖北新元古代臼齿碳酸盐岩岩石地球化学及沉积环境探讨[J]. 华东地质学院学报, 36(4): 320-323.
刘燕学, 旷红伟, 孟祥化, 等. 2005. 吉辽徐淮地区新元古代地层对比格架[J]. 地层学杂志, 29(4): 387-396.
刘睿, 余建星, 孙宏才, 等. 2003. 基于 ANP 的超级决策软件介绍及其应用[J]. 决策科学理论与方法, 34(8): 1021-1028.
卢云亭. 1988. 现代旅游地理学[M]. 南京: 江苏人民出版社: 34-141.
罗伟, 鄢志武, 刘保丽. 2013. 地质遗迹资源综合指标体系与实证研究[J]. 国土资源科技管理, 33(1): 39-44.
马艳平, 陈松. 2011a. 从岩溶作用看灵璧石的形成和分布. 宿州学院学报[J]. 26(5): 33-35.
马艳平, 陈松. 2011b. 皖北宿州地区岩溶地貌分类及其发育规律. 安徽农业科学[J]. 39(27): 16909-16912.
马艳平, 贺振宇, 陈松. 2011. 皖北灵璧磬云山的岩石学和地球化学研究[J]. 中国地质, 38(3): 657-663.
马艳平, 桂和荣. 2009. 浅议灵璧石资源的开发与保护[J]. 中国国土资源经济, 9: 17-19.
梅冥相. 2007. 前寒武纪“臼齿构造谜”的一些认识: 来自天津蓟县剖面高于庄组的信息[J]. 古地理学报, 9(6): 597-610.
孟祥化, 葛铭, 刘燕学. 2006. 中朝板块新元古代微亮晶(臼齿构造)碳酸盐事件、层序地层和建系研究[J]. 地层学杂志, 30(3): 211-222.
缪庆海, 马艳平, 付金沐, 等. 2014. 安徽灵璧地区张渠组臼齿构造成因分析[J]. 宿州学院学报,

29(10): 79-84.

潘国强, 孔庆友, 吴俊奇, 等. 2000. 徐宿地区新元古代辉绿岩床的地球化学特征[J]. 高校地质学报, 6(1): 53-63.

庞淑英, 杨世瑜, 秦卫平, 等. 2004. 基于"概念分层"结构的旅游地质资源评分系统的开发[J]. 成都理工大学学报: 自然科学版, 31(2): 217-220.

彭补拙, 安旭东, 陈浮, 等. 2001. 长江三角洲土地资源可持续利用研究[J]. 自然资源学报, 16(4): 21-26.

乔秀夫. 1996. 中国震积岩的研究与展望[J]. 地质论评, 42(4): 317-320.

乔秀夫, 高林志. 1999. 华北中新元古代及早古生代地震灾变事件及与 Rodinia 的关系[J]. 科学通报, 44(6): 1753-1758.

乔秀夫, 高林志. 2007. 燕辽裂陷槽中元古代古地震与古地理[J]. 古地理学报, 9(4): 337-352.

乔秀夫, 李海兵. 2008. 枕、球—枕状构造: 地层中的古地震记录[J]. 地质论评, 54(6): 721-730.

乔秀夫, 李海兵. 2009. 沉积岩的地震及古地震效应[J]. 古地理学报, 11(6): 593-610.

乔秀夫, 李海兵, 高志林. 1997. 华北地台震旦纪—早古生代地震结节律[J]. 地学前缘, 4(3-4): 155-160.

乔秀夫, 宋天锐, 高林志, 等. 1994. 碳酸盐岩震动液化地震序列[J]. 地质学报, 68(1): 16-35.

乔秀夫, 邢裕盛, 高志林, 等. 1989. 皖北震旦系张渠组风暴沉积-向上变浅的碳酸盐沉积序列[J]. 地质学报, 4: 297-311.

宋天锐. 1988. 北京十三陵前寒武纪碳酸盐岩地层中的一套可能的地震-海啸序列[J]. 科学通报, 8: 609-611.

石碧波. 2005. 区域地质环境质量评价的 GIS 系统研究[D]. 西安: 长安大学学位论文.

孙林华, 桂和荣. 2010. 皖北新元古代大地构造演化研究进展[J]. 安徽地质, 20(1): 20-24.

孙林华, 桂和荣. 2011. 皖北地区新元古代构造背景的转换: 来自碎屑岩地球化学的证据[J]. 地球学报, 32(5): 523-532.

孙林华, 桂和荣, 贺振宇, 等. 2010a. 皖北新元古代硅质灰岩的发现及其地质意义[J]. 合肥工业大学学报(自科版), 33(1): 110-116.

孙林华, 桂和荣, 贺振宇. 2010b. 皖北灵璧地区新元古代灰岩的稀土元素特征[J]. 稀土, 31(6): 32-40.

孙林华, 桂和荣, 陈松, 等. 2010c. 皖北新元古代贾园组混积岩物源和构造背景的地球化学示踪[J]. 地球学报, 31(6): 833-842.

王跃, 桂和荣, 王明梁. 2016. 皖东北部新元古代臼齿构造碳酸盐岩地区化学特征与成因研究[J]. 赤峰学院学报, 32(10): 48-52

王凯明, 罗顺社. 2009. 海相碳酸盐岩锶同位素及微量元素特征与海平面变化[J]. 海洋地质与第四纪地质, 29(6): 51-58.

王晓艳. 2008. 基于灰色多层次理论的地质公园地质遗迹评价体系及实证研究［D］. 桂林: 广西师范大学学位论文.

王中刚, 于学元, 赵振华, 等. 1989. 稀土元素地球化学[M]. 北京: 科学出版社.

吴维平, 柏林, 郑炎贵, 等. 2010. 安徽天柱山地质公园地质遗迹类型及综合评价[J]. 上海地质, 31 (增刊) : 48-52.

吴贤涛, 尹国勋. 1992. 四川峨眉晚侏罗世湖泊沉积中震积岩的发现及其意义[J]. 沉积学报, 10(1): 19-24.
吴跃东, 向钒. 2007. 安徽“两山一湖”地区地质遗迹资源评价[J]. 地质学报, 26(2): 231-239.
武国辉, 杨涛, 刘幼平, 等. 2006. 贵州地质遗迹资源[M]. 北京: 冶金工业出版社.
徐建华. 2002. 现代地理学中的数学方法[M]. 北京: 高等教育出版社.
许树柏. 1988. 层次分析原理[M]. 天津: 天津大学出版社.
闫顺. 1994. 亚洲大陆地理中心旅游资源与开发[M]. 乌鲁木齐: 新疆美术摄影出版社.
严贤勤, 孟凡巍, 袁训来. 2006. 徐淮地区新元古代九顶山组燧石结核的地球化学特征[J]. 微体古生物学报, 23(3): 295-302.
杨汉奎. 1987. 论风景资源的模糊评价: 以贵州为例[J]. 自然资源学报, 32(1): 45-48.
杨涛. 2013. 地质遗迹资源保护与利用[M]. 北京: 冶金工业出版社.
张殿凯. 2016. 中国灵璧石大观[M]. 安徽: 安徽美术出版社.
张金昌, 王成. 2007. “臼齿状构造”谜: 争论与进展[J]. 甘肃科技, 23(6): 129-131.
张永平, 王启胜, 王荣鲁, 等. 2008. 城市工程地质环境质量的 AHP-FUZZY 评价方法及应用[J], 青岛理工大学学报, 19(3): 12-17.
赵焕臣, 许树柏, 和金生. 1986. 层次分析法——一种简易的新决策方法[M]. 北京: 科学出版社.
赵逊, 赵汀. 2002. 世界地质公园工作指南发布及意义[J]. 地质论评, 48(5): 517.
赵逊, 赵汀. 2003. 中国地质公园地质背景浅析和世界地质公园建设[J]. 地质通报, 22(8): 620-630.
赵泽恒. 1987. 南盘江地区二叠纪碳酸盐岩中微量元素的分布特征与沉积-成岩环境[J]. 云南地质, 6(1): 50-63.
郑文武, 杨杰东, 洪天求, 等. 2004. 辽南与苏皖北部新元古代地层 Sr 和 C 同位素对比及年龄界定[J]. 高校地质学报, 10(2): 165-178.
钟洛加, 周衍龙, 任津. 2008. 基于层次分析法的武汉城市圈地质环境质量评价[J]. 地球科学与技术, 31(12): 174-178.
朱洪, 许权辉, 费玲玲, 等. 2014. 安徽灵璧磬云山地质公园地质遗迹特征研究[J]. 安徽地质, 24(3): 225-230.
邹统钎. 1999. 旅游开发与规划[M]. 广州: 广东旅游出版社.
Armstrong-Altrin J S, Lee Y I, Verma S P. 2004. Geochemistry of Sandstones from the Upper Miocene Kudankulam Formation, Southern India: Implications for Provenance, Weathering and Tectonic Setting [J]. Journal of Sedimentary Research, 74(2): 285-297.
Bau 1991. M. Rare-earth element mobility during hydrothermal and meta-morphic fluid-rock interaction and the significance of the oxidationstate of europium[J]. Chemical Geology, 93: 219-230.
Bau M, Dulsk P. 1995. Comparative study of yttrium and rare-earth elementbehaviors in fluorine-rich hydrothermal fluids[J]. Contrib Mineral Petrology, 119: 213-223.
Bauerman H. 1885. Report on the Geology of the Country Near the Forth-ninth Parallel of North Latitude West of the Rocky Mountains[J]. Canada Geological Survey of Report Progress, Prog, 1882-1884(B): 1-42.

Bishop J W, Sumner D Y. 2006. Molar Tooth Structures of the Meoarchean Montrvielle Formation, Transvaal supergroup, South Afric, I: Constraints on Microdrytalline CaCO3 Precipitation[J]. Sedimentology, 53(5): 1049-1068.

Calver C R, Baillie. 1990. Early diagenetic concretions asso-ciated with intrastratal shrinkage cracks in an upper Protero-zoic dolomite[J]. Tasmania, Australia: Journal of SedimentaryPetrology, 60(2): 293-305.

Chen S. 2014. Gui Herong, Sun Linhua. Geochemical characteristics of REE in the Late Neo-proterozoic limestone from northern Anhui Province, China[J]. Chinese Journal of Geochemistry, 33(2): 187-193.

Cullers R L. 2000. The geochemistry of shales, siltstones and sandstones of Pennsylvanian-Permian age, Colorado, USA: implications for provenance and metamorphic studies [J]. Lithos, 51(3): 181-203.

Eby D E. 1977. Sedimentation and early diagenesis within eastern portions of the “Middle Belt Carbonate Interval” (Helena Formation), Belt Supergroup (Precambrian Y), western Montana[M]. State University of New York: Stony Brook: 12.

Fairchild I J, Einsele G, Song T. 1997. Possible seismicorigin of molar tooth structures in Neoproterozoic carbonateramp deposits, north China[J]. Sedimentology, 44(4): 611-636.

Forster R R. 1973. Planning for man and nature in National Parks, Morges, Switzerland[M]. International Union of Conservation of Nature and Natural Resources.

Furniss G, Erlich R, Kranz RL, et al. 1988. Gasbubble and expansion crack origin of “molar-tooth” calcitestructures in the Middle Proterozoic Belt Supergroup, western Montana[J]. Journal of Sedimentary Research, 68(1): 104-114.

Groment L P, Dymek R K, Haskin L A, et al. 1985. The “north American shale composite”: its compilation major and trace element charactertics[J]. Geochemica et Cosmochimica Acta, 48(12): 2469-2482.

Gunn C A. 1994. Tourism planning(third edition) [M]. New York: Taylor & Francis.

Horodyski R J. 1983. Sedimentary geology and stromatolites of the Middle Proterozoic Belt Supergroup, Glacier National Park, Montana[J]. Precambrian Research, 20(2-4): 391-425.

James N P, Narbonne G M, Shemran A G. 1998. Molar tooth carbonates Shallow subtidal facies of the Mid to Late Proterozoic[J]. Journal of Sedimentary Research, 68(5): 716-722.

Krupenin M. 2004. Y/Horatio as genetic indicator of sparry magnesites in south Urals, Rusia[J]. Acta Petrologica Sinica, 20(4): 803-816.

Li R Q. 1995. Rare earth element distribution and its genetic significa-tion of calcite in Hunan polymetallic metallogenic province ［J］. Journal of Mineralogy and Petrology, 15(4): 72 -77.

Meng X H, Ge M. 2002. The sedimentary features of Proterozoic microspar(molar-tooth)carbonates in China and their significance[J]. Episodes, 25(3): 186-196.

Meng X H, Ge M. 2003. Cycle sequences, events and evolution of the Sino-Korean Plate, with a discussion on the evolution of molar tooth carbonates, phosphorites and source rocks[J]. Acta Geologica Sinca, 77(3): 382-401.

Pratt B R. 1998. Molar-tooth structure in Proterozoic carbonaterocks: Origin from synsedimentary earthquakes, and implicationsfor the nature and evolution of basins and marine sediment[J]. Geological Society of America, Bulletin, 110(8): 1028-1045.

Peng J T, Hu H Z, Qi L, et al. 2004. REE Distribution pat-tern for the hydrothermal calcites from the Xikuangshan antimony de-posit and its constraining factors[J]. Geological Review, 50(1): 25-32.

Rashid S A. 2005. The Geochemistry of Mesoproterozoic Clastic Sedimentary Rocks from the Rautgara Formation, Kumaun Lesser Himalaya: Implications for Provenance, Mineralogical Control and Weathering[J]. Current Science, 88(11): 1832-1836.

Satty T L. 1980. The analytic hierarchy process[M]. New York: McGraw-Hill.

Smith A G. 1968. The origin and deformation of some "Molar tooth" structure in the Precambrain Belt-Purcellsupergroup[J]. Journal of Geology, 76: 426-433.

Sun L H, Gui H R, Chen S. 2010. Geochemistry of Neoproterozoic mixosedimentite in northern Anhui and its geological significance[J]. Global Geology, 13: 128-134.

Sun L H, Gui H R, Chen S. 2012. Geochemistry of sandstones from the Neoproterozoic Shijia Formation, northern Anhui Province, China: Implications for provenance, weathering and tectonic setting [J]. Chemie der Erde, 72: 253-260.

Sun L H, Gui H R, Chen S. 2013. Geochemistry of sandstones from the Neoproterozoic Jinshanzhai Formation in northern Anhui Province, China: Provenance, weathering and tectonic setting [J]. Chines Journal of Geochemstry, 32: 95-103.

Sun L H, Gui H R, Chen S. 2011. Geochemical characteristics and geological significance of the Neoproterozoic carbonates from northern Anhui Province, China[J]. Chines Journal of Geochemistry, 30: 40-50.

Taylor S R, McLennan S M. 1985. The Continental Crust: its Composition and Evolution[M]. Oxford: Blackwell Publing Incorporated, 312.

Yan Q R, Gao S L, Wang Z Q. 2002. Geochemical Constrains of Sediments on the Provenance, Depositional Environment and Tectonic Setting of the Songliao Prototype Basin[J]. Acta Geologica Sinica(English edition), 6(4): 455-462.

Young G M, Long D G F. 1977. Carbonate sedimentation in a late Precambrian shelf sea, Victoria Island, Canadian Arctic Archipelago[J]. Journal of Sedimentary Petrology, 47: 943-955.

后　记

本书的写作与出版得到了宿州市政府“灵璧石资源调查与评价”项目、灵璧县政府申报“安徽灵璧磬云山省级和国家级地质公园”、安徽省国土资源厅“安徽省地质遗迹保护规划”项目基金、安徽省学术与技术带头人配套基金的资助，在此向资助单位表示诚挚的谢意！

安徽东北部区域地质调查与填图、岩样采集、地质公园勘界、地质遗迹综合考察等野外工作中，得到灵璧县和渔沟镇党委、政府领导的支持和指导；在岩石矿物测试与分析、地质遗迹成因研究等方面，中国矿业大学王桂梁教授给予全面指导；作者所在单位宿州学院、安徽省地质测绘技术院领导为项目研究提供了良好的工作环境和便利条件。李俊、关磊声、夏玉婷、许紫灵、刘顺、黄大伟、邱慧丽等博士和硕士研究生参与了资料整理工作。

在此一并向关心、支持、指导项目研究和本书出版的各级领导、专家学者和朋友们，向参与本项目研究的同事和研究生表示衷心的感谢！